巧厨娘·人气食单

爆款
多国籍料理

 工作室 组织编写

臧倩嵘　编著

青岛出版社
QINGDAO PUBLISHING HOUSE

"为了体现一个作品的美感，主体食材不得不放下它的高姿态作为铺垫，让一个装饰香草高高在上，呈现出整体的立体感。作品的造型应像做人一样低调不张扬，并且要有包容之心，互相衬托，这样才能带给欣赏它的人一种舒适的感受……"

这就是本书作者——臧倩嵘21年做西餐的心得。

从15岁踏入西餐厨房的那天起，西餐已伴随着他度过了21个春夏秋冬。这20年来，他不嫌苦不嫌累，天天切报纸练刀功，炒沙子练翻炒基本功，洗碗、择菜、洗菜、传菜，还被开水锅烫伤右腿……再苦再累，他也坚持着，一切皆因两个字"喜欢"。文化不高，他就从翻阅新华字典开始；26个英文字母都认不全，他就硬着头皮学英语；师父不愿意教，他便想方设法地偷偷学习烹饪技术。他就像着了魔一般，疯狂地爱上西餐料理，他仿佛不是在做西餐，而是在雕琢一件艺术品，表达一种人生态度。

正如人的一生充满了不确定性，你可能想去做很多事情，但都因为条件不成熟而无法实行。就像油温不够，你把鱼放锅里，不但炸不熟、炸不完整，反而会把鱼搞得稀巴烂，鱼没了，这锅油也废了。

这就是臧倩嵘从料理中悟到的人生道理。做菜，不仅成就了臧倩嵘的事业，也通达了他的人生。很多名人都教导人，一生只做一件事。的确，当一个人坚持用心去做一件事情时，老天一定会眷顾他。从此，梦想，便不再是梦想，它会成为最真的现实。

这本书的诞生也是情理之中的事情，因为他早已为"这道菜"做足了准备工作。今天，火候到了，"这道菜"也就顺理成章地完美呈现在读者面前了……

韩少利

韩少利：国际烹饪艺术大师，烹饪艺术家，国家烹饪高级技师，国家级评委，国家级酒店酒楼鉴定评审员。曾任中烹协西餐委副秘书长、北京西餐协会执行会长、劳动部国家西餐专家技能鉴定委员会秘书长。

2016年10月

目录

第三篇 典雅高贵意大利料理

目录

第四篇 快捷家常美国料理

目录

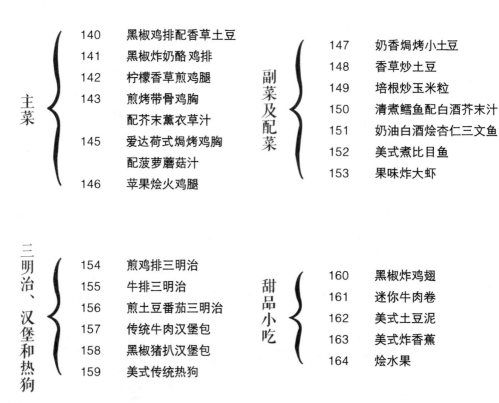
第五篇 风情万种南洋料理

第六篇 精致营养日本料理

附录 行走的食客

第一篇

多国籍料理 常用基础 酱汁、汤底

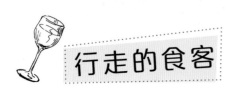

行走的食客

菜市场——城市漫步者眼中的免费博物馆

当我在马来西亚槟城的街头百无聊赖地游走时，眼前突然出现的一座三层楼高的菜市场让我精神为之一振。要知道，在当下世界大同的流行趋势已经将各个旅游景点变得好像统一在某国整过容一样时，只有当地的菜市场还能让你找到一些惊喜——那些带有浓郁地方特色的瓜果蔬菜、生鲜海产、生活器皿，当然还有一些是你闻所未闻的神秘物件，才是窥探这里人们生活方式最好的凭证。就好像走入一座展品丰富的博物馆，让人眼花缭乱、目不暇接，你还可以在里面大声地问询和讨价还价，甚至买下任何一件你想要的东西，想想都觉得太美好了。

有个美食圈的朋友曾经说过：了解一座城市最好的途径有两个，一是去品尝夜市的宵夜，另一个就是逛一逛当地的菜市场。

事实上，我一直是一个喜欢逛市场的人，到世界各地旅行，只要有机会，也一定会去市场看一看。处于那种空间广阔而物产密集的地方，呼吸着五味杂陈的空气，你能更深切地感受到某种与你惯常的生活环境完全不同的氛围——这来自那些不在你认知范围内的奇异植物，难得一见的某种珍稀鱼类，很想知道是什么味道的当地小吃，超出你的想象力制作出的糖果造型，甚至只是他们变换了商品的摆放方式……如果你没有在异国他乡逛菜市场时不断被惊奇挑逗得一惊一乍过，那只能说你的人生实在了无生趣。

在东南亚逛菜市场，有时候需要更多的心理准备，因为与他们作为门面示人的旅游区相比，他们的菜市场更加接地气，脏乱差不可避免，甚至经常会出现一些让人有点惊恐的场景——罩在笼子内的巨大蟾蜍类生物黑黝黝地活蹦乱跳，个头极大的奇异昆虫经过炸制做成外卖小吃，不知道烤了多少天的涂着蜜糖的烧烤串在露天中被苍蝇围绕……当然，你也会看到很多产自当地的特殊香料，被搭配成如彩虹般五颜六色的玛萨拉调料，好像随便抓一些回去，都可以做出迷人的东南亚美味。

与东南亚菜市场的浓郁市井风格完全不同，欧美的菜市场显得更加井然有序，干净而精致。那些处于巨大玻璃穹顶之下的菜市场，甚至比精品店还让人欣喜。蔬菜、糖果、奶酪、香肠、葡萄酒、面条、调料等被精心地组合摆放，形态与颜色的完美搭配，让这里处处是风景，随意按下快门，都像一幅广告图片那样充满美感，常常让人赏心悦目，叹为观止。

在马德里著名的马约尔广场一侧，有一座与热门景点齐名的圣米格尔市场（Mercado San Miguel），已经成为游览马德里必去的地方之一。与其说这里是市场，不如说是一间漂亮房子内的美食宴会厅，各种形状的面包、多达几十种的腌渍橄榄、垂吊在屋顶的西班牙火腿、堆成小山一样的奶酪……眼前的景象让哪怕刚刚吃饱的人也瞬间产生了食欲。西班牙特有的TAPAS（塔帕斯，餐前小吃）吃法在这样的菜市场里显得更加便捷，想品尝某个摊位的任何一种小菜、腌渍品、火腿片、熏三文鱼等，都可以用切好片的法棍来承托，分分钟入口。大家有秩序地挤在透明的玻璃柜台前，等待店主将那些美味送上，并点上一杯冰啤酒，就这样边吃边喝边聊，享受一段无拘无束的时光。在这样井然有序的菜市场闲逛，更像是参加一场流动的盛宴，饱了眼福，也饱了口福。

随着有机食物风靡全球，倡导无添加、健康理念的有机农夫市场也在欧美十分流行。这样的有机市场通常建在距离市中心有一定距离的半郊区，占地广阔，有的甚至就建在湖边。这里有散养的鸟群供人们观赏喂食，可供参观的饲养场里则喂养着小猪、小羊和奶牛，周围还设有玩具店、精品店、咖啡馆、餐厅等，适合一家人带着孩子周末来逛一逛，小孩子可以认识和接触动物，大人们则在市场里选购由农夫们直接售卖的食物，享受非常惬意的假期时光。让人印象深刻的位于加拿大温哥华市区的格兰维尔岛，就是一个集个性小店、水边餐厅、优雅画廊和有机农夫市场为一身的充满艺术气息的世外桃源。我被这里人与自然的和谐之美深深感动，也被菜市场里颜色艳丽的应季莓果、浆果深深吸引，这才是食物应该拥有的天然色彩。

在国外，还有一种在特定日子才出现的临时集市，多半会把日期定在休假的周末，到了开集的时间，不光农夫们带着自家出产的农产品、加工食物、小吃、饮料等纷纷前来，连城市中的普通人也可以加入市集的行列，各种富有创意和情趣的小手工艺品——手工项链戒指、无添加香皂、精美的零钱包、手织的围巾帽子手套等，都会出现在集市上。因为是自由交易的集市，售卖者往往对价格也很随意，很多人接受游客的砍价，这样一路走一路逛，不小心就买了不少，卖的和买的都很开心。这样的集市往往可遇而不可求，所以如果碰上了千万不要放过。除了品尝各种美味，我还特别喜欢在首饰摊位上淘宝，摊主往往很神秘地跟我说，这些都是他的爱人亲手制作的，是世界上独一无二的，对于这样的招揽，我往往毫无招架之力，只有乖乖掏钱了。

（文／凡影）

番茄汁

材料

新鲜番茄 500 克，大蒜 20 克，洋葱 50 克，番茄酱 200 克，橄榄油 80 克，香叶 5 片，罗勒叶 5 克，百里香 5 克，盐、鸡精各适量

制作过程

1. 将番茄洗净，去除根部，在上边划上十字刀口。洋葱和大蒜去皮，洗净，切成碎末。罗勒叶和百里香洗净，切成碎末，备用。

2. 汤锅内放入适量的清水，大火把水烧开，放入番茄，煮 1 分钟后捞出，立即放入冷水中。

3. 将番茄皮剥掉，剁成小粒，备用。

4. 锅内放入橄榄油烧热，放入洋葱碎、大蒜碎炒出香味，接着放入准备好的番茄粒。

5. 用大火煸炒 3 分钟使番茄中的水收干，放入罗勒叶、百里香和番茄酱，再接着用大火把番茄酱炒熟。

6. 加入适量的清水和香叶，用慢火炖 40 分钟左右至黏稠，用盐和鸡精调味即可。

菠萝蘑菇汁

材料

香菇丝 80 克，菠萝丁 30 克，烧汁 100 毫升，干红葡萄酒 10 毫升，盐、白胡椒碎各适量，洋葱碎 20 克，黄油 20 克

制作过程

1. 锅置火上烧热，加入黄油，待黄油化开后放入洋葱碎，大火炒香，再加入香菇丝煸炒 2 分钟，加入红酒，待酒精完全挥发后加入烧汁和菠萝丁，大火烧开，改为小火，慢煮 8 分钟。
2. 撇去浮沫，加入盐和白胡椒碎调味即可。

洋葱汁

材料

洋葱碎 50 克，黄油 20 克，红酒 200 毫升，烧汁 1000 毫升，盐、黑胡椒粉各适量，香叶 2 片，百里香碎、阿里根奴碎各 1 克

制作过程

1. 深底锅中加入黄油烧热，加入洋葱碎煸炒出香味，放入百里香碎、阿里根奴碎和香叶，略炒 1 分钟，加入红酒，待酒精完全挥发，加入烧汁。
2. 开锅后改为微火，慢煮 25 分钟。
3. 加盐、胡椒粉调味即可。

牛肉烧汁

材料

牛杂肉 500 克，牛腿骨 2 根，洋葱 50 克，胡萝卜 50 克，芹菜 50 克，番茄酱 300 克，香叶 5 片，白胡椒粒 5 克，黑胡椒粒 5 克，百里香、迷迭香共 5 克，红酒 100 克，清水适量

制作过程

1. 烤箱预热到 220℃，牛骨头洗净，剁块，放入烤箱中烤约 40 分钟。
2. 洋葱、胡萝卜、芹菜去皮，洗净，切成大块，在牛骨烤到一半时间的时候放入烤箱，和牛骨头一起烘烤。
3. 百里香和迷迭香洗净，备用。
4. 汤锅内放入清水烧开，把烤好的牛骨头、蔬菜和牛杂肉一同倒入锅中，加入百里香、迷迭香和两种胡椒粒、香叶，用大火烧开。
5. 另取一锅将番茄酱炒熟，加入汤锅中，倒入红酒，开锅后用微火炖约 2 小时，最后用细筛过滤即可。

制作要点

1. 番茄酱也可以放到烤箱中和牛骨一起烤制。
2. 成品一定要有黏稠度。

牛肉酱

材料

牛腿肉末500克，洋葱、胡萝卜、芹菜各30克，大蒜10克，百里香5克，阿里根奴5克，香叶3片，干红葡萄酒70克，番茄酱100克，番茄汁100克，牛肉烧汁100克（制作方法见本书p.13），盐15克，白胡椒粉10克，清水、牛肉精粉、色拉油各适量

制作过程

1. 将蔬菜洗净，切成碎末。百里香、阿里根奴洗净，切碎，备用。

2. 锅内放入色拉油，用大火把牛肉末炒至脱水，备用。

3. 汤锅内放入适量的色拉油烧热，放入洋葱、大蒜，炒出香味，放入胡萝卜碎和芹菜碎，把蔬菜中的水炒干，放入准备好的牛肉末和番茄酱，炒制2分钟后加入红酒。

4. 待番茄酱炒熟后加入牛肉烧汁、番茄汁和适量的清水，搅拌均匀，放入百里香、阿里根奴和香叶。

5. 用大火烧开，改为小火炖50分钟，最后加入盐、白胡椒粉和牛肉精粉调味即可。

1. 牛肉烧汁和番茄汁也可不放，用清水代替，但会影响牛肉酱整体的口味。

2. 炒牛肉末的时候一定把水炒干，达到完全脱水的效果，否则会有一定的腥味。

黑胡椒汁

材料

黑胡椒碎 15 克,洋葱碎 5 克,大蒜碎 5 克,
香叶 2 片,黄油 20 克,牛肉烧汁 300 克,
红酒 30 克,白兰地 15 克,鸡精 10 克,
盐适量

制作过程

1. 锅内放入黄油烧热,放入洋葱碎和大蒜碎,
   炒出香味,放入黑胡椒碎。
2. 用慢火将黑胡椒碎炒香,放入红酒慢煮 1
   分钟,放入白兰地。
3. 加入牛肉烧汁和香叶,用大火烧开,改为
   小火慢煮约 20 分钟。
4. 用盐和鸡精调味即可。

1. 黑胡椒炒的时候要用微火把黑胡椒的香味炒出来。
2. 红酒的酸度要煮出来。

薰衣草芥末汁

材料

新鲜薰衣草3克，浓缩橙汁15毫升，法式芥末8克，干白葡萄酒10毫升，黄油10克

制作过程

把所有材料混合在一起，放入不粘锅中，置中火上加热即可。

薰衣草在罗马时代就已是运用相当普遍的香草了，因其功效最多，被称为"香草之后"。薰衣草自古就广泛使用于烹调与医疗上，茎和叶都可入药，有健胃、发汗、止痛之功效，是辅助治疗伤风感冒、腹痛、湿疹的良药。

青胡椒汁

材料

青胡椒粒100克，烧汁500毫升，洋葱碎50克，干红葡萄酒20毫升，香叶2片，盐、白胡椒粉各适量，黄油20克

制作过程

1. 锅内加入黄油化开，放入洋葱碎，炒香。
2. 加入青胡椒粒和香叶，慢炒3分钟。
3. 加入干红葡萄酒，待酒精完全挥发，放入烧汁，大火煮开，改为小火慢煮30分钟，最后用盐和胡椒粉调味即可。

红酒汁

材料

洋葱碎10克，烧汁300毫升，干红葡萄酒200毫升，黄油20克，阿里根奴、百里香各少许，香叶2片，盐、白胡椒粉各适量

制作过程

1. 锅内放入黄油化开，加入洋葱碎，炒出香味。放入红酒，大火煮开，待酒精完全挥发。
2. 加入烧汁、阿里根奴、百里香和香叶，慢煮15分钟，加盐和胡椒粉调味即可。

西餐中的汤一般可分为清汤和浓汤两大类，其中又有冷汤、热汤之分。鱼胶的制作也可归于汤类，因为鱼胶制作的产品，大多用水、牛奶、酒、汤汁等混合使用。鱼胶本身没什么营养价值，但它具有凝固、结晶、成形、可溶化还原等特性。西餐汤风味别致，花色多样，世界各国都有其著名具有代表性的汤，如法国的洋葱汤、意大利的蔬菜汤、俄罗斯的罗宋汤、美国的奶油海鲜汤、英国的牛尾汤等。汤除了主料以外，常常在汤的面上放一些小料加以补充和装饰。

白汁

材料

面粉 100 克，黄油 80 克，牛奶 80 克，淡奶油 50 克，香叶 2 片，丁香 2 粒，盐、鸡汤各适量

制作过程

1. 复底汤锅内放入黄油，用慢火将黄油完全化开，放入香叶、丁香和面粉。
2. 用微火把面粉炒香，需要 20 分钟左右。
3. 离火静置 8 分钟左右放凉，加入鸡汤，不停地用打蛋器抽打，以免粘在一起。
4. 步骤 3 的材料煮开后放入牛奶和奶油，最后放入盐调味即可。

制作要点

1. 炒制的时候不可用大火，以免煳底。

2. 加鸡汤的时候要用打蛋器不停地抽打，这样才会均匀。

鸡高汤

材料

鸡骨头 500 克，洋葱、胡萝卜各 30 克，芹菜 30 克，香叶 5 片，白胡椒粒 5 克，清水 2000 克

制作过程

1. 鸡骨头洗净放在 180℃的烤箱中烤制 30 分钟，烤干，烤出香味，备用。
2. 洋葱、胡萝卜、芹菜洗净，切成大段，备用。
3. 汤锅内放入 2000 克的清水，放入洋葱、胡萝卜、芹菜、香叶和白胡椒粒。
4. 用大火把水烧开，改为小火炖 40 分钟以上，用细箩过滤即可。

鱼高汤

材料

鱼骨（最好用三文鱼骨）500 克，洋葱 30 克，胡萝卜 30 克，芹菜 30 克，香叶 5 片，白胡椒粒 5 克，清水 2000 克，白葡萄酒 50 克，白兰地酒 25 克

制作过程

1. 鱼骨洗净，剁成大块。洋葱、胡萝卜、芹菜洗净，切成大块，备用。
2. 汤锅内放入清水，放入所有材料用大火将水煮开。
3. 撇去浮沫，改为小火慢炖 40 分钟以上。
4. 用细箩过滤即可。

蛋黄酱

材料 工具

鸡蛋2个，法国芥末10克，
柠檬汁15克，白醋10克，
白糖25克，盐25克，色拉油
2500克

圆形不锈钢盆，打蛋器，量杯

制作过程

1. 把2个鸡蛋的蛋黄取出来，放入圆形的容器中，加入法国芥末、白醋。
2. 用打蛋器匀速向一个方向抽打容器中的食材。
3. 待有黏稠度时均匀慢速地加入色拉油，混合均匀。
4. 放入柠檬汁、白糖和盐调味即可。

蛋黄酱看似做法简单，其实技术难度很大，制作时一定注意以下几点：

1. 在加入色拉油之前一定把食材抽打到有黏稠度。
2. 抽打的方向和速度不可以随意变化，特别是方向不可变化。
3. 加色拉油时，动作一定要慢、均匀。
4. 在储存的时候只能保鲜不可冷冻。

千岛汁

材料

蛋黄酱 1000 克，洋葱 10 克，大蒜 5 克，鸡蛋 1 个，青椒 15 克，黑橄榄 8 克，酸黄瓜 20 克，番茄沙司 25 克，番茄辣酱 15 克，辣椒仔 8 克，李派林酱油 5 克，柠檬汁 5 克，盐适量

制作过程

1. 把鸡蛋煮熟待凉后去皮，取蛋白，切碎，备用。
2. 把洋葱、大蒜去皮，洗净，切碎。青椒洗净，切碎。黑橄榄和酸黄瓜切碎，备用。
3. 把 1000 克的蛋黄酱放在容器中，放入洋葱碎、大蒜碎、青椒碎、黑橄榄碎、酸黄瓜碎和鸡蛋碎。
4. 用打蛋器搅拌均匀，放入番茄沙司、番茄辣酱、辣椒仔、李派林酱油、柠檬汁和盐调味。
5. 顺着一个方向把所有材料搅拌均匀即可。

凯撒汁

材料

蛋黄酱 1000 克，洋葱 10 克，大蒜 15 克，黑橄榄 10 克，酸黄瓜 20 克，黑胡椒碎 8 克，巴马臣芝士粉 20 克，盐适量，柠檬汁 15 克，银鱼柳 15 克

制作过程

1. 洋葱、大蒜去皮，洗净，切碎，备用。
2. 黑橄榄、酸黄瓜和银鱼柳切碎，备用。
3. 把蛋黄酱放入容器中加入洋葱碎、大蒜碎、黑橄榄碎、酸黄瓜碎和银鱼柳碎，搅拌均匀，加入黑胡椒碎、芝士粉、盐和柠檬汁。
4. 用打蛋器顺着一个方向把所有的材料搅拌均匀即可。

香醋油汁

材料

意大利香醋 250 克，橄榄油 500 克，洋葱 20 克，大蒜 8 克，法国香菜、百里香、罗勒共计 10 克，盐、黑胡椒粉各适量

制作要点

要用打蛋器搅拌均匀后方可食用。

制作过程

1. 把法国香菜、百里香和罗勒洗净，切碎，备用。

2. 洋葱和大蒜去皮，洗净，切碎，备用。

3. 取一个圆形的容器，把备好的食材放入容器中，把香醋一次性倒入。

4. 用打蛋器把容器的材料搅拌均匀，用匀速同方向的抽打方式慢慢加入橄榄油。

5. 抽打成有一定的黏稠度。

6. 放入盐和胡椒粉调味即可。

第二篇

豪华浪漫 法国料理

法国菜

法国菜"高端大气上档次"，基本上已成共识。其口感细腻、酱料美味、餐具摆设华美，简直可视为一种艺术。

享用一顿正式的法国餐要花上四五个小时是常有的事。从开胃菜、海鲜、肉类、乳酪到甜点，虽然程序烦琐，但重要的并不是吃进多少食物，而是在品尝佳肴美味的同时，也充分享受高级餐厅的氛围，欣赏餐具器皿与食物的搭配。

分　类

1.按烹调风格，可分为三大主流派系

①古典法国菜派系：起源自法国大革命前，皇室贵族流行的菜肴，后来经由艾斯奥菲区分类别。古典菜派系的主厨手艺精湛，选料必须是品质最好的，常用的食材包括龙虾、蚝、肉排和香槟，多以酒及面粉为酱汁基础，再经过浓缩而成，口感丰富浓郁，多以牛油或淇淋润饰调稠。

②家常法国菜派系：起源自法国历代平民传统烹调方式，选料新鲜，做法简单，亦是家庭式的菜肴，在1950-1970年最为流行。

③新派法国菜派系：自20世纪70年代兴起，由保罗·布谷斯（Paul Bocuse）倡导，在1973年以后极为流行。新派菜系在烹调上使用名贵材料，看重原汁原味、材料新鲜等特色，菜式多以瓷碟个别盛载，口味调配得清淡。在20世纪90年代后，人们更注重健康，健康法国菜大行其道，采用简单直接的烹调方法，减少使用油；而酱汁多用原肉汁调制，以乳酪代替淇淋调稠汁液。

2.按地方特色划分为四种

①布根地菜肴：布根地盛产红、白葡萄酒，其他著名产品有田螺及鸡。驰名菜式包括焗田螺（Escargots a la Bourguigonne）及红酒鸡（Coq au Vin）等。

②阿尔萨斯菜肴：阿尔萨斯盛产白葡萄酒、桃红酒。世界著名的鹅肝也属于这种菜肴。驰名菜式有罗伦士塔。

③诺曼底菜肴：诺曼底盛产海鲜、干酪、奶油、苹果、苹果白兰地（Calvados）。驰名菜式有暖苹果挞配雪葩（Torte Fine aux Pommes et Sorbet）。

④普罗旺斯菜肴：普罗旺斯出产全国最好的橄榄油、海鲜、番茄及香料等。驰名菜式有海鲜汤（La bowrride du pecheur a la provencal)等。

特　点

1.菜名

　　法国菜的菜名别有风趣，许多菜肴往往是用地名或人名来命名的。如"里昂土豆"，这道菜里所用的洋葱和大蒜，均来自盛产洋葱和大蒜的里昂，因此得名。如"马赛鱼汤"，这道菜汤是用海鱼做成的，因为马赛是个海港城市，盛产海鱼。有趣的菜名，往往能吸引食客，容易给人留下印象。而且当你坐下准备就餐的时候，点菜就成了一件饶有风趣的事情，令人有个好心情。最能代表法国风味的菜肴有蜗牛、鹅肝、龙虾、青蛙腿、奶酪以及烤乳猪、烤羊马鞍、烤野味、带血鸭子、奶油棱鱼、普鲁旺斯鱼汤、斯特拉斯堡的奶油圆蛋糕等。

2.风味

　　法国菜的特色是汁多味腴。吃法国菜则必须有精巧的餐具和如画的菜肴满足视觉；扑鼻的酒香满足嗅觉；入口的美味满足味觉；酒杯和刀叉在宁静安详的空间下交错，则是触觉和味觉的最高享受。这种五官并用的享受，发展出了深情且专注的品味。

3.用料

　　法国菜的突出特点是选料广泛、考究。法国菜常选用稀有的名贵原料，如蜗牛、青蛙、鹅肝、黑蘑菇等。用蜗牛和蛙腿做成的菜，是法国菜中的名品，许多外国客人为了一饱口福而前往法国。此外，还喜欢用各种野味，如鸽子、鹌鹑、斑鸠、鹿、野兔等。由于选料广泛，品种就能按季节及时更换，因而使就餐者对菜肴始终保持着新鲜感，这也是法国菜诱人的因素之一。

　　法国菜在材料的选用上采用偏好牛肉(Beef)、小牛肉(Veal)、羊肉(Lamb)、家禽(Poultry)、海鲜 (Seafood)、蔬菜(Vegetable)、田螺(Escargot)、松露(Truffle)、鹅肝(Gooseliver)及鱼子酱(Caviar)；而在配料方面采用大量的酒、牛油、鲜奶油及各式香料；在烹调时，火候是非常重要的一环节，如牛肉、羊肉通常烹调至六七成熟即可；海鲜烹调时需熟度适当，不可过熟，尤其在酱料(Sauce)的制作上，更特别费工夫，其使用的材料很广泛，无论是高汤(Stock)、酒、鲜奶油、牛油还是各式香料、水果等，都运用得非常灵活。

4.制作

　　追求成菜鲜嫩。法式菜要求菜肴汁水充足，质地鲜嫩。法式菜比较讲究吃半熟或生食，如牛排、羊腿以半熟鲜嫩为特点，牛排一般只要求三四分熟，烤牛肉、烤羊腿只需七八分熟，而牡蛎一类大都生吃。

　　讲究原汁原味。法式菜非常重视沙司的制作，一般由专业的厨师制作，而且什么菜用什么沙司，也很讲究。如做牛肉菜肴用牛骨汤汁，做鱼类菜肴用鱼骨汤汁。有些汤汁要煮8个小时以上，使菜肴具有原汁原味的特点。

　　用酒调味。法式菜喜欢用酒调味，法国盛产酒类，所以烹调中也喜欢用酒调味，做什么菜用什么酒是很讲究的，使用量也大，以至很多的法式菜都带有酒香气。菜和酒的搭配有严格规定，如清汤用葡萄酒，火鸡用香槟。比较有名的法国菜是鹅肝酱、牡蛎杯、焗蜗牛、马令古鸡、麦西尼鸡、洋葱汤、沙朗牛排、马赛鱼羹。法国菜中的名菜，并不是全用名贵原料制作，有些极普通的原料经过精心调制，同样可以做成名菜，如著名的"洋葱汤"，所使用的就是极为普通的洋葱。

5.烹饪方式

法国菜的烹调方法很多，几乎包括了西菜所有的近20种烹调方法。一般常用的是烤、煎、烩、焗、铁扒、焖、蒸等。

随着人们对菜肴要求的不断变化，法国菜的口味、色彩、调味也在不断发展。

法国菜的口味偏于清淡，色泽偏于原色、素色，忌大红大绿，不使用不必要的装饰，追求高雅的格调。汤菜尤其讲究原汁原味，不用有损于色、味、营养的辅助原料。以普通的蔬菜酱汤为例，要求将蔬菜全部打碎成细蓉状与汤一起煮，这样能使汤的本味纯正，又能增加汤的浓度。

又如番茄酱，在西餐中作为一种调料，使用得比较广泛。但在现代法国菜中，番茄酱用得较少，而是用大量的新鲜番茄用油煸炒后用来代替番茄酱，突出了菜的原色、原味。

特别突出的是，法国菜重视沙司的制作。沙司实际上是原料的原汁、调料、配料和酒的混合物。原料新鲜，沙司味美，才能做好菜。

6.配料

酒类和香料，是组成法国菜的两大重要特色。

法国是盛产酒的国家，于是酒就成为法国菜中用于调味的主要用料。香槟酒、红葡萄酒、白葡萄酒、雪利酒、朗姆酒、白兰地等，是做菜常用的酒类。不同的菜点用不同的酒，有严格的规定，腌制食材时通常用量较大。因此，无论是菜肴还是点心，闻之香味浓郁，食之醇香沁人。如名菜红酒鸡，仅1000多克光鸡，需要兑入红葡萄酒及白兰地约4500克，其用量之大由此可见一斑。

法国是世界上引以为傲的葡萄酒、香槟和白兰地的产地之一，因此，法国人对于酒在餐饮上的搭配使用非常讲究。如在饭前饮用较淡的开胃酒；食用沙拉、汤及海鲜时，饮用白酒或玫瑰酒；食用肉类时饮用红酒；而饭后则饮用少许白兰地或甜酒类。另外，香槟酒用于庆典时较多，如结婚、生子、庆功等。

法国的起司(Cheese)也是非常有名，种类繁多。依形态分为新鲜而硬的、半硬的、硬的、蓝霉的和烟熏的五大类；通常食用起司时会附带面包、干果（例如核桃等）、葡萄等。另外，法国菜在享用时非常注重餐具的使用，无论是刀、叉、盘还是酒杯，都要求品质高档，因为这些均可衬托出法国菜高贵之气质。

7.香料

除了酒类，法国菜里还要加入各种香料，以增加菜肴、点心的香味，如大蒜头、欧芹、迷迭香、塔立刚、百里香、茴香、赛杰等。各种香料有独特的香味，放入不同的菜肴中，就形成了不同的风味。法国菜对香料的运用也有定规，什么菜放多少什么样的香料，都有一定的比例。

8.传统菜单

法国菜的上菜顺序是，首先为冷盆菜，一般是沙丁鱼、火腿、奶酪、鹅肝酱和色拉等；其次为汤、鱼；再次为禽类、蛋类、肉类、蔬菜；然后为甜点和馅饼；最后为水果和咖啡。 法国传统菜单共有13道菜可供选择，每道菜分量不大，味美精致，内容顺序如下：

第一道菜 冻开胃头盘
（Hors-d'oeuvre Froid）

第二道菜 汤（Potage）

第三道菜 热开胃头盘
（Hors-d'oeuvre Chaud）

第四道菜 鱼（Poisson）

第五道菜 主菜（Grosse Piece）

第六道菜 热盘（Entree Chaude）

第七道菜 冷盘（Entree Froide）

第八道菜 雪葩（Sorbet）

第九道菜 烧烤类及沙拉（Roti&salade）

第十道菜 蔬菜（Legume）

第十一道菜 甜点（Entremets）

第十二道菜 咸点（Savoury）

第十三道菜 甜品（Dessert）

随着生活节奏的加快，很多餐馆都将菜单编排简化成3道至5道菜，方便顾客点选，菜单编排参考如下：

①冻开胃菜（Hors-d'oeuvre Froid）

②汤（Potage）

③热头盘（Hors-d'oeuvre Chaud）

④主菜（Grosse Piece）

⑤甜品（Dessert）

三道菜例子

①冻/热开胃菜（Hors-d'oeuvre Froid/Hors-d'oeuvre Chaud/Potage）

②主菜（Grosse Piece）

③甜品（Dessert）

9.就餐礼仪

①入席顺序：优雅是法式餐饮文化的精髓。当我们进入餐厅时，男士应该一切以女士优先，而最后入座的男士应该为前面的女士把座椅拉开；只有当所有的女士都有座位后，男士们才可以入座。餐桌上的快乐，来源于品尝的乐趣，也来源于相互服务。

②了解法国菜的菜单与点菜顺序：法国菜的菜单很简单，主菜有10多种，但都制作精美。点菜的顺序是，第一道菜一般是凉菜或汤，尽管菜单上有多个品种的"头道菜"供你选择，但只能选择一种。在上菜之前会有一道面包上来，吃完了以后服务员帮你撤掉盘子。第二道是汤，美味的法式汤类，有浓浓的肉汤、清淡的蔬菜汤和鲜美的海鲜汤。第三道菜是一顿饭中的正菜，这是法式菜中最为特色的一道菜。往往做得细腻、考究，令食客难忘。正餐里最多的是各种"排"——鸡排、鱼排、牛排、猪排。这所谓的排是剔除骨头和刺的净肉，再浇上配制独特的汁，味道鲜美，吃起来也方便。

③品尝法国菜需注意的一些礼节：

a.吃法国菜基本上也是红酒配红肉，白酒配白肉，至于甜品多数会配甜餐酒。

b.吃完擦手、擦嘴，切忌用餐巾用力擦，注意仪态，用餐巾的一角轻轻印去嘴上或手指上的油渍便可。

c.吃完第一道主菜（通常是海鲜）之后，侍应生会送上一杯雪葩，用果汁或香槟酒，除了让口腔清爽之外，更有助增进你食下一道菜的食欲。

d.不论椅子有多舒服，坐姿都应该保持正直，不要靠在椅背上面。进食时身体可略向前靠，两臂应紧贴身体，以免撞到隔壁食客。

e.吃法国菜同吃西餐一样，用刀叉时记住由最外边的餐具开始，由外到内，不要见到美食就扑上去，太失礼。

f.吃完每碟菜之后，将刀叉四围放，或者打交叉乱放，非常难看。正确方法是将刀叉并排放在碟上，叉齿朝上。

头盘（前菜）

奶酪焗鲜蚝配松露

人气食单

最具人气多国籍料理

推荐指数

★★★★

推荐理由:

生蚝之美懂得的人自然会珍惜。配上松露不仅好看，更美味。

原料 调料

鲜生蚝6个，松露2个

柠檬汁3毫升，白兰地3毫升，黄油100克，大蒜末5克，欧芹碎3克，盐、白胡椒粉、新鲜混合蔬菜各适量，巴马臣芝士粉30克

制作要点

制作黄油香草酱的时候，要保证黄油有一定的稠度，不可化开。

制作过程

1. 把生蚝洗净，控干水。松露洗净，切成薄片。

2. 黄油、大蒜末和欧芹碎混合到一起，制成黄油香草酱，备用。

3. 在每个生蚝上撒上盐、胡椒粉、柠檬汁和白兰地，把做好的黄油香草酱均匀地涂抹到生蚝壳里，涂满后撒上芝士粉，最后放上松露片。

4. 放到200℃的焗炉中，焗烤约8分钟，装入盘中配上新鲜的混合蔬菜即可。

原料 调料

罐头蜗牛肉 12 只，山竹 3 个，新鲜混合蔬菜适量，树莓 5 个

奶酪丝 50 克，干葱 8 克，大蒜 3 瓣，百里香 1 枝，干白葡萄酒 8 毫升，白兰地 5 毫升，淡奶油 80 毫升，盐、白胡椒粉各适量，鸡精少许，黄油 30 克

制作过程

1. 把蜗牛择洗干净。山竹切除顶部，把山竹肉掏出来，山竹壳洗净，山竹肉去核，切碎，备用。
2. 干葱和大蒜洗净，切成碎末。树莓、百里香洗净，切碎。
3. 锅内放入黄油烧热，放入干葱碎和大蒜碎炒香，放入蜗牛肉煸炒 1 分钟左右，放入干白葡萄酒和白兰地酒，待酒精完全挥发。
4. 放入山竹碎、奶油、百里香、盐、胡椒粉和鸡精，用中火煮至汤汁微稠即可，备用。
5. 每个山竹壳里装 4 个做好的蜗牛和少量的奶油汁，整理好撒上奶酪丝，用焗炉或烤箱把奶酪焗上色，装入盘中。用混合蔬菜和树莓装盘点缀即可。

① ② ③ ④ ⑤

法式山竹焗蜗牛

人气食单
最具人气多国籍料理
推荐指数
★★★★

推荐理由：

蜗牛味香、质嫩，食后令人回味无穷，是法国蜗牛菜代表作之一。

菠萝焗鹅肝酱

人气食单

最具人气多国籍料理

推荐指数

★★★★★

原料 调料

罐头菠萝 1 片，鹅肝 150 克，新鲜混合蔬菜适量

洋葱丝 15 克，干葱圈 5 个，红酒 30 毫升，百里香碎 3 克，柠檬汁 3 毫升，黄油 15 克，盐、黑胡椒碎、香醋油汁各适量

推荐理由:

鹅肝的香味和菠萝的风味配合在一起，吃起来别有一番滋味。

制作过程

1. 鹅肝洗净，用洋葱丝、红酒、盐、胡椒碎、百里香和柠檬汁腌制 8 小时以上。

2. 平底锅中加入黄油，待黄油化开后放入鹅肝，用中火煎烤至一面上色，再煎另外一面，煎制时间约 5 分钟，煎好鹅肝后拿出来，再把菠萝放进去，用大火把菠萝的两面都煎上色，备用。

3. 将混合蔬菜铺在盘底，放上菠萝片，再放上鹅肝，用干葱圈点缀。

4. 撒上香醋油汁即可。

原料　调料

土豆 2 个，熟鸡蛋 2 个，番茄丁 20 克，
芹菜丁 20 克，洋葱碎 20 克

黄芥末酱 8 克，鸡精 8 克，蛋黄酱 80 克，
盐、黑胡椒碎、新鲜混合蔬菜各适量

制作过程

1. 将土豆皮去掉，洗净，切成 3 厘米见方的
　 块，放入开水中煮 8 分钟，过凉，备用。
2. 鸡蛋去皮，切成大块。
3. 把煮好的土豆块放到容器中，依次放入鸡
　 蛋、番茄丁、芹菜丁、洋葱碎等所有食材
　 （除混合蔬菜）混合在一起，搅拌均匀。
4. 混合蔬菜放到盘子里垫底，把拌好的土豆
　 放置上边即可。

法式鸡蛋
土豆沙拉

人气食单
最具人气多国籍料理
推荐指数
★ ★ ★ ★ ★

推荐理由:

味鲜色美，清凉爽口。

尼斯沙拉

原料 调料

吞拿鱼300克，熟鸡蛋1个，去核黑橄榄5个，芦笋尖50克，鸡尾洋葱5个，樱桃番茄6个，四季豆、花叶生菜、红叶生菜各80克，全麦面包1片

盐、黑胡椒碎各适量，橄榄油10毫升，柠檬汁2毫升，香脂醋1毫升，黄油2克

推荐理由：

色彩雅致、营养均衡，这道沙拉在食材搭配上可谓是登峰造极，作为前菜是最合适不过的了。

制作过程

1. 黄油涂抹到全麦面包上，放入平底锅中煎成金黄色，拿出对切成三角形，备用。
2. 四季豆择去两头根蒂，扁豆去掉老筋，切成5厘米的段，同芦笋尖放到开水中焯熟，过凉，备用。
3. 鸡蛋去皮，切成角。樱桃番茄洗净，切两半。花叶生菜和红叶生菜洗净，控干水，备用。
4. 把吞拿鱼和四季豆、芦笋、黑橄榄、鸡尾洋葱、樱桃番茄放到容器中，加入盐、黑胡椒碎、柠檬汁、香脂醋和橄榄油搅拌均匀。
5. 花叶生菜和红叶生菜放到盘子里垫底，把步骤4的材料倒在上边，摆放鸡蛋角，搭配面包片即可。

尼斯：南法艳阳下的蔚蓝之城

提到南法，不知道为什么，总是让人联想起金黄色的艳阳。连电影导演们都特别偏爱这里，关于这里的每一部电影，似乎都特意加了滤光镜，镜头前无论是风景、建筑还是人物，瞬间变得明媚灿烂起来。而作为法国南部最重要的海滨度假胜地——尼斯，这座蔚蓝海岸边的明珠城市，又在浓烈艳阳下，增添了一抹清新亮丽的蓝色之光，让人时时向往，停不下回忆的脚步。

作为一座海滨城市，尼斯的美食除了自然清新的尼斯沙拉，当然也少不了海鲜大盘、白酒烹贻贝配薯条等海鲜大菜。这里的海鲜盘分为生吃和熟吃两种，我更偏爱后者，因为盘中的螃蟹、海螺、贝壳、海虾等，用不同的料汁和烹饪方法制作而成，呈现出各不相同的风味。尤爱一种个头偏大的海螺，竟然吃出咸蛋黄与中式卤味混合的香气，感慨厨师的创造力，再配上清香的柠檬汁和白葡萄酒，让人食指大动，欲罢不能。

在尼斯，除了海滩、美景和美食，也有不错的历史古迹和艺术馆可以参观。乘坐上山的公车到达西米耶高地，这里是罗马人在尼斯最早的定居点和军事要塞，现在依然保留着一座已经废弃没落的罗马竞技场，每年一度的尼斯爵士音乐节都在这里举行。大片百年树龄的橄榄树环绕四周，鲜花烂漫，不少外观漂亮的度假豪宅隐藏其中，美不胜收。

尼斯的美景还有很多，带有19世纪彩色玻璃窗户的尼斯圣母大教堂、由埃菲尔铁塔设计师设计穹顶的内格雷斯科酒店、俄罗斯境外规模最大的东正教教堂圣尼古拉东正教大教堂、尼斯美术馆……

尼斯，这座南法艳阳下的蔚蓝之城，它的美值得你亲自来体验！

(文/凡影)

法式洋葱汤

原料 调料

法国长面包 1 片，洋葱 2 个

啤酒 50 毫升，干红葡萄酒 30 毫升，百里香碎、阿里根奴碎各 1 克，黄油 20 克，马苏里拉芝士碎少许，香叶 2 片，黑胡椒碎、盐各适量，牛清汤 1000 毫升

推荐理由：

加黄油煮出洋葱汤，再放入法式长面包并覆盖芝士后焗上色，面包泡透了洋葱汤，烘烤之后会有绵软滑嫩的口感。

制作过程

1. 将洋葱去皮，洗净，切成细丝，备用。
2. 汤锅内放入黄油，待黄油完全化开，加入洋葱丝，中火煸炒。加入香叶、百里香碎和阿里根奴碎，不间断地翻动，以免煳底，炒至洋葱丝软化脱水并呈黄褐色。
3. 加入干红葡萄酒和啤酒，大火煮至酒精完全挥发。加入牛清汤，开锅后小火慢煮 30 分钟。加入盐和黑胡椒碎调味。
4. 把香叶挑出来，洋葱汤装入汤碗中，马苏里拉芝士放到面包片上，将加满芝士的面包片放到汤碗里。
5. 把汤碗放到 230℃的焗炉中，把芝士碎焗上色，最后用百里香碎点缀即可。

① ② ③ ④ ⑤

普罗旺斯风味海鲜汤

人气食单

最具人气多国籍料理

推荐指数

★ ★ ★ ★ ★

推荐理由:

普罗旺斯,传递的不仅是美味,而且还是一种轻松愉快的法式生活氛围。

原料 调料

大虾 20 克,蛤蜊 80 克,鱿鱼 20 克,青口 80 克

洋葱 10 克,大蒜 10 克,牛奶 200 克,干白葡萄酒、白兰地、鱼高汤、盐、新鲜百里香、白胡椒粉、鸡精各适量,淡奶油 20 克,白汁(制作方法见本书 p.17)300 克,橄榄油 50 克

制作过程

1. 把大虾、蛤蜊、鱿鱼和青口洗净(带壳的海鲜可以不去壳),备用。

2. 洋葱和大蒜洗净,切成碎末,备用。

3. 汤锅内放入橄榄油,待油烧热,放入洋葱和大蒜末炒香。放入洗干净的大虾、蛤蜊、鱿鱼和青口,煸炒大约 1 分钟。放入干白葡萄酒、白兰地和百里香,再炒 3 分钟左右。

4. 加入鱼高汤、淡奶油、白汁和牛奶,搅拌均匀,煮开换成小火煮大约 8 分钟。

5. 撇去浮沫,放入盐、白胡椒粉和鸡精调味即可。

原料 调料

白蘑菇 250 克，鸡高汤 300 克，面包丁 5 粒

洋葱、牛奶各 50 克，淡奶油 30 克，白汁（制作方法见本书 p.17）200 克，黄油 10 克，干法香碎、盐、白胡椒粉各适量，香叶 2 片

制作过程

1. 蘑菇、洋葱洗净，切片，备用。西餐双耳汤锅内放入黄油，待油烧热，放入洋葱煸炒出香味。放入蘑菇片，炒约 5 分钟，放入鸡高汤。
2. 放入香叶，开锅后煮 30 分钟。
3. 挑出香叶用打碎机打碎。
4. 白汁煮开后放入打碎的香叶碎，放入牛奶，再放入奶油、盐、白胡椒粉调味。装入汤碗最后放上面包丁，也可放些干法香碎做点缀。

奶油蘑菇汤

推荐理由：

　　此汤是西餐厅里保留的菜肴之一。不但有浓郁的蘑菇味道，还有浓郁润滑的口感。

人气食单
最具人气多国籍料理
推荐指数
★★★★★

田螺忌廉汤

人气食单

最具人气多国籍料理

推荐指数

★★★★

推荐理由:

玉米忌廉汤、蘑菇忌廉汤太

平常了？试试把田螺加进去吧，

那是非一般的鲜美滋味！

原料 调料

田螺 150 克，白汁 500 毫升

鱼高汤 100 克，洋葱 15 克，
大蒜 20 克，干白葡萄酒 5
毫升，白兰地 5 毫升，新鲜
百里香 3 克，黄油 15 克，
面包丁、盐、白胡椒粉各适
量，鸡精 5 克

制作过程

1. 田螺择洗干净，从中间切开，一分为二。洋葱、大蒜、
   百里香洗净，切成碎末，备用。

2. 锅内放入黄油，待油化开，放入洋葱碎末、大蒜碎末
   煸炒出香味，放入田螺肉。

3. 放入干白葡萄酒、白兰地和百里香，待酒精完全挥发，
   加入白汁和鱼高汤。

4. 大火烧开，用盐、白胡椒粉和鸡精调味，装入汤碗中。

5. 撒上面包丁即可。

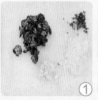 ①  ② ③ ④  ⑤

清煮龙虾配水瓜柳汁

原料 调料

龙虾 2 只，水瓜柳 50 克

黄油水 500 毫升，烧汁（参考本书 p.13"牛肉烧汁"）30 毫升，大蒜末 5 克，百里香碎 1 克，黄油 10 克，海盐、白胡椒粉、新鲜混合蔬菜各适量

制作过程

1. 平底锅内加入黄油，待黄油化开，放入大蒜末，炒出香味，放入水瓜柳，略炒 1 分钟，加入烧汁，开锅后慢煮 15 分钟，最后用百里香碎、盐和胡椒粉调味，制成的调味汁即为水瓜柳汁。

2. 把龙虾清洗干净，深底锅内放入黄油水，待水开后把龙虾放进去，煮 3 分钟，捞出来放入盘中。

3. 把做好的水瓜柳汁浇到龙虾上，配上混合蔬菜即可。

制作要点　　　在此处提到的黄油水是在清水中加入黄油、盐、白胡椒粒和柠檬片制成的。

人气食单

最具人气多国籍料理

推荐指数

★★★★★

推荐理由:

名为清煮龙虾，其实是用去腥增香的黄油水煮的，再配上清鲜的水瓜柳汁，入口鲜美无比。

推荐理由:

在平底锅里加上佐料，就能把比目鱼煮得奶香十足，调料和鱼肉的味道相映成趣。

黄油水煮比目鱼配柠檬黄油汁

原料 调料

比目鱼 300 克，豌豆 80 克，新鲜混合蔬菜适量

香叶 2 片，白兰地 3 毫升，清水 1000 毫升，黄油 30 克，柠檬黄油汁（制作方法见本页下方）、白胡椒粒、盐各适量

制作过程

1. 把比目鱼洗净，备用。

2. 平底锅内放入清水、黄油、盐、白胡椒粒、香叶和白兰地，大火煮开，改为小火，把鱼肉和豌豆一起放进锅里，慢煮约 4 分钟即熟。

3. 比目鱼和豌豆放到盘中，浇上柠檬黄油汁。最后用适量的混合蔬菜点缀即可。

①
②
③

柠檬黄油汁制作方法

材料

冻黄油 100 克，柠檬汁 2 毫升，干白葡萄酒 10 毫升，白兰地 2 毫升，新鲜莳萝碎少许，盐、白胡椒粉各适量

制作过程

1. 将除黄油和莳萝外的所有材料混合到一起倒进平底锅中。

2. 大火烧开，改为微火，把黄油一点一点地融入到调味汁里，待黄油均匀地化完后加入莳萝碎即可。

煎烤香草鲈鱼配柠檬

推荐理由:

　　皮脆，肉嫩，吃时还有一股淡淡的柠檬香气，在夏季，绝对是一道清凉爽口的开胃菜。

原料 调料

新鲜鲈鱼1条，新鲜混合蔬菜适量

洋葱丝100克，柠檬汁5毫升，柠檬角4个，新鲜百里香1枝，迷迭香1枝，干白葡萄酒20毫升，朗姆酒3毫升，黄油30克，盐、白胡椒粉各适量

制作过程

1. 把鲈鱼清理干净，鱼鳃取出，洗干净，备用。

2. 食材中的鲈鱼、柠檬角和黄油除外，剩下食材混合在一起制作成腌鱼料汁，搅拌均匀，把鲈鱼放进去腌制至少15分钟。

3. 平底锅中加入黄油，待黄油化开后放入鲈鱼，用大火把鲈鱼的两侧均煎上色，放到180℃的烤箱中烤制15分钟。

4. 把烤好的鲈鱼放到盘子里，配上混合蔬菜和柠檬角即可。

奶酪蒜香焗明虾

原料 调料

大明虾 3 只，新鲜混合蔬菜适量

柠檬汁少许，大蒜末 5 克，马苏里拉芝
士碎 30 克，盐、白胡椒粉、黑鱼子酱
各适量

制作过程

1. 把大虾的虾线去掉，剪掉虾须，洗净，从背部切开，一分为二，但两片虾中间有连接。

2. 3 只虾放到托盘中，撒上盐、白胡椒粉、柠檬汁和大蒜末，最后均匀地撒上芝士碎。

3. 放到 180℃ 的焗炉或烤箱中，焗烤 8 分钟，摆放到盘子中，在每个虾上放些黑鱼子酱，用混合蔬菜点缀即可。

推荐理由:

简单易做，虾的鲜美与蒜蓉、
芝士完美结合，味道浓郁。

人气食单

最具人气多国籍料理

推荐指数

★★★★★

煎鳕鱼配番茄汁

人气食单
最具人气多国籍料理
推荐指数
★★★★

推荐理由:

营养丰富,肉质鲜嫩而少刺,非常适合孩子们食用。自制的番茄汁酸甜可口。

原料 调料

净鳕鱼 200 克,芦笋 100 克,鲜莳萝 1 枝,蔓越莓适量

番茄汁、盐、白胡椒粉各适量,柠檬汁少许,卡真粉 3 克,黄油 10 克,黄油水 500 毫升

制作过程

1. 将鳕鱼肉清理干净,控干水,用盐、白胡椒粉和柠檬汁腌制 2 分钟,撒上卡真粉。

2. 芦笋用黄油水焯熟,蔓越莓洗净,备用。

3. 平底锅中加入黄油,待黄油化开,放入鳕鱼,用中火把两面煎上色并且将鱼肉煎熟,时间 6 分钟左右。

4. 番茄汁浇到盘子上垫底,把焯熟的芦笋放到番茄汁上,再放上煎好的鳕鱼。

5. 放上莳萝和蔓越莓点缀即可。

原料 调料

牛尾 800 克，西芹段 50 克，胡萝卜厚片 50 克，酸黄瓜 2 根

干葱 5 个，大蒜 5 瓣，干红葡萄酒 200 毫升，番茄酱 100 克，牛肉高汤（或清水）2000 毫升，香叶 2 片，芥末籽 2 克，盐、白胡椒碎各适量，黄油 30 克

制作要点

如果你不喜欢外国香料的味道，在炖煮肉类的时候可以用中国菜中常用的八角、花椒等代替。

制作过程

1. 把牛尾洗净，剁成 5 厘米长的段，用盐和胡椒碎腌制 8 分钟。
2. 深底锅中加入黄油，待黄油完全化开，放入牛尾煎烤，把表层煎成黄褐色拿出来，备用。
3. 同一个锅，用剩下的油炒干葱和大蒜，把两者炒出香味，加入西芹和胡萝卜。
4. 牛尾回锅同炒 3 分钟，待蔬菜的香味炒出来后加入大量的红酒。
5. 约 1 分钟后再加入番茄酱，用小火不停翻炒，防止糊底。
6. 炒 5 分钟后加入清水、香叶和芥末籽，大火烧开，改小火，加上锅盖焖煮约 50 分钟。
7. 加入酸黄瓜、盐和白胡椒粉再煮 5 分钟即可出锅。

红酒烩牛尾

人气食单
最具人气多国籍料理
推荐指数
★★★★★

推荐理由：

牛尾熬酥后松软滑嫩，对美容有帮助，再配上红酒的香醇，别有一番风味！

奶酪焗烤牛西冷

原料 调料

上等排酸牛外脊 200 克, 炸土豆饼 2 个,
青节瓜 50 克, 黄节瓜 50 克

干红葡萄酒少许, 法国黄芥末酱 3 克,
黄油 20 克, 盐、黑胡椒碎、红酒汁各适
量, 马苏里拉芝士碎 20 克

推荐理由:

牛西冷不油腻, 而且有一种
微甜的清香感觉。

制作过程

1. 把牛外脊洗净, 控干水, 用肉槌敲打至肉质松软, 用适量的盐、黑胡椒碎、黄芥末酱和红酒腌制约 8 分钟。

2. 青节瓜、黄节瓜洗净, 分别切成相同厚度的片。

3. 锅中加水烧开, 放入少许黄油, 放入节瓜片焯熟, 备用。

4. 锅内放入黄油, 加热至黄油化开, 把牛外脊放进去, 将肥油煎出, 把一面煎上色后再煎另外一面, 共煎 5 分钟左右, 出锅。

5. 撒上芝士碎, 放到 180℃的焗炉中, 焗烤至芝士上色后取出放在盘子里, 搭配黄油蔬菜和炸土豆饼, 最后浇上红酒汁即可。

推荐理由:

大虾的酱汁让牛肉多了一层

鲜,牛肉的汁让虾多了一种香,

营养丰富,口味独特。

香煎虎头虾伴牛柳配红酒汁

原料 调料

大虾2只，牛柳肉200克，土豆泥100克，豇豆80克，新鲜蔬菜（根据自己喜好选择）适量

红酒汁、盐、黑胡椒碎各适量，干白葡萄酒、干红葡萄酒、柠檬汁各少许，法国黄芥末3克，迷迭香碎1克，黄油20克

制作过程

1. 把牛柳用肉槌敲打松软，用盐、黑胡椒碎、法国芥末、白红葡萄酒和迷迭香碎腌制，备用。

2. 将大虾的头须剪掉，虾线取出来，洗净后从背部分切开，用盐、胡椒碎、干白葡萄酒和柠檬汁腌制，备用。

3. 豇豆择洗干净，切成5厘米左右的段，用黄油水焯熟，备用。

4. 平底锅中加入黄油，待黄油化开，放入牛柳肉，用大火煎5分钟，至两面呈黄褐色，放入大虾，把两面均煎上金黄色，虾肉由青色变成红色即可。

创意摆盘

5. 土豆泥放置在盘中，牛柳和大虾均放到土豆泥上。

6. 盘边配上黄油豇豆和新鲜混合蔬菜，最后浇上红酒汁即可。

制作要点　牛柳肉质本身很嫩滑，纯瘦无肥油，建议食用三分至五分熟的，这样保证了肉的多汁，口感的松软。

推荐理由:

牛舌用红酒烩制而成，原汁
原味的口感，让人回味无穷。

红酒烩牛舌配米饭

原料 调料

牛舌1条，小土豆3个，胡萝卜厚片5片，熟米饭1碗，小椰菜5个

牛肉高汤（或清水）500毫升，红酒200毫升，烧汁500毫升，黄油20克，大蒜5瓣，干葱5个，百里香3克，香叶2片，黑胡椒碎、盐各适量

制作过程

1. 把牛舌用开水煮5分钟，捞出，去掉牛舌上的苔皮，洗净，切成厚片，备用。小土豆洗净；小椰菜去根，洗净，备用。

2. 深底锅中放入黄油，待黄油化开，放入干葱和大蒜，中火煸炒出香味。

3. 放入牛舌，翻炒2分钟，待牛舌成黄褐色时加入红酒，略炒1分钟，待酒精完全挥发，加入烧汁和清水，大火煮开，再加入百里香、香叶，小火焖煮35分钟。

4. 待汤汁有一定的稠度时，放入小土豆、胡萝卜厚片和小椰菜，再继续煮8分钟，最后用盐和黑胡椒碎调味。

创意摆盘

5. 盘子上扣上米饭，把烩好的牛舌整齐地搭配在旁边即可。

烧烤猪柳配青胡椒汁

人气食单

最具人气多国籍料理

推荐指数

★★★★

推荐理由:

猪柳肉比猪里脊肉的纤维更细，口感更为细嫩多汁，适合烧烤和煎扒。

原料 调料

猪柳1条，胡萝卜1根

法国黄芥末酱8克，百里香碎3克，盐、黑胡椒碎、青胡椒汁、新鲜混合蔬菜各适量，黄油20克

制作过程

1. 猪柳洗净，用盐、黑胡椒碎、芥末酱、百里香碎腌制8分钟。
2. 胡萝卜去皮，洗净，切成厚片，用黄油水煮熟，备用。
3. 平底锅中加入黄油，待黄油化开，放入猪柳，用大火煎上色，放到180℃的烤箱中烤20分钟即熟。

创意摆盘

4. 烤好的猪柳从中间斜刀切开，交叉放到盘子上，黄油胡萝卜配在盘边，浇上青胡椒汁。
5. 搭配混合蔬菜即可。

薄荷苹果汁烩猪排

原料 调料

猪通脊肉 200 克，
苹果 1 个，混合蔬
菜 100 克

新鲜薄荷叶 2 枝（1
枝切碎），盐、白
胡椒碎各适量，干
红葡萄酒 2 毫升，
百里香碎 2 克，鸡
蛋 2 个，烧汁 100
毫升，黄油 15 克

制作过程

1. 猪通脊肉去掉肉筋，洗净，从中间切开，一分为二，用肉槌敲
   打松软，用盐、胡椒碎、红酒腌制 8 分钟。
2. 苹果去皮、核，切成角，备用。
3. 把鸡蛋打散蛋液，加入百里香，搅拌均匀，把腌制好的猪通脊
   肉放进去，备用。
4. 平底锅内加入黄油，待黄油化开，放进粘满蛋液的猪排，用大
   火快速把两面煎上色，加入烧汁、苹果和薄荷叶碎，小火慢
   煮 8 分钟后加入盐和胡椒碎调味。

创意摆盘

5. 苹果角放到盘子里垫底，猪排放置上边，浇上烩时剩下的调味汁，
   搭配上混合蔬菜，最后用薄荷点缀即可。

推荐理由：

薄荷的清香，苹果的果香，

猪排的肉香，浑然一体。

人气食单
最具人气多国籍料理
推荐指数
★★★★

推荐理由:

香草很好地去除了羊肉的膻
味,同时完美地衬托出羊肉的香
气,搭配素菜,营养更均衡。

烤香草带骨羊排

原料 调料

带骨羊排 220 克（3 根），土豆 1 个，胡萝卜条 20 克，菜花 2 朵，芦笋 30 克

新鲜迷迭香 1 枝，新鲜迷迭香碎 3 克，法国芥末酱 40 克，黄油 15 克，面包糠、盐、黑胡椒碎各适量，干红葡萄酒 5 毫升，黄芥末 30 克

制作过程

1. 羊排整根清洗干净，控干水，撒上盐和黑胡椒碎，再抹上一层 30 克的黄芥末，涂抹均匀，在芥末上撒上迷迭香碎和面包糠，腌制 25 分钟。
2. 土豆去皮，切成小厚片，放在锅里煎熟并煎上色，备用。
3. 用黄油水把胡萝卜条、芦笋和菜花焯熟，备用。
4. 平底锅中放入黄油烧热，将腌制好的羊排和土豆放进去，把两面都煎上色，羊排和土豆片一同放到 180℃的烤箱中烘烤 8 分钟，取出，备用。另取一个锅，把芥末酱和红酒混合在一起烧开，用盐调味，备用。

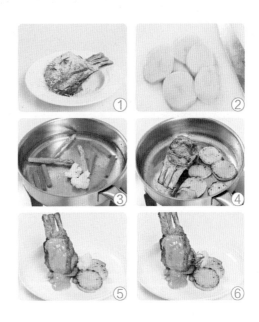

创意摆盘

5. 焯好的蔬菜放在盘子上垫底，把羊排放到蔬菜上，配上煎烤好的土豆片，然后浇上芥末汁。
6. 用迷迭香点缀即可。

白菌炒牛子腰

原料 调料

牛小腰 200 克，白菌 100 克，洋葱 15 克

盐、白胡椒粉各适量，干白葡萄酒 30 毫升，
法国黄芥末酱 20 克，奶油 50 克，黄油
20 克

人气食单

最具人气多国籍料理

推荐指数

★★★★★

制作过程

1. 把牛腰去筋，洗净，切成薄片，备用。
2. 洋葱和白菌洗净，洋葱切碎末，白菌切片。
3. 锅内放入黄油，待油完全化开，放入洋葱
   碎末，炒出香味，放入牛小腰，用大火煸炒，
   加入干白葡萄酒，翻炒至酒精完全挥发。
4. 加入白菌、奶油和法国黄芥末酱。
5. 用大火煮开后改为小火慢煨 8 分钟，加入
   盐和白胡椒粉调味即可。

推荐理由：

白菌属世界稀有珍品，历来
被视为"宫廷珍品""皇室蘑菇"。
气味清香，曾作为"贡品"专奉
清朝皇宫。

原料 调料

三黄鸡半只，菠萝片 80 克，青甜椒、红甜椒各 80 克

干葱、大蒜各 50 克，盐、白胡椒碎各适量，新鲜迷迭香 1 枝，香叶 2 片，柠檬汁 3 毫升，干酪 40 克，干白葡萄酒 50 毫升，淡奶油、黄油各 100 毫升，鸡高汤 1000 毫升

人气食单

最具人气多国籍料理

推荐指数

★ ★ ★ ★ ★

推荐理由:

呈奶白色，滑糯肥鲜。

制作过程

1. 把鸡清洗干净，剁成大块，用适量的盐、白胡椒碎、柠檬汁和 20 毫升的干白葡萄酒腌制 8 分钟。

2. 青甜椒、红甜椒洗净，切成大块，迷迭香洗净，备用。

3. 锅内加上黄油，待黄油化开，放入腌制好的鸡块，用大火把鸡块表面均煎成金黄色捞出，备用。

4. 用剩下的油炒干葱和大蒜，炒出香味。

5. 鸡块回锅，和葱、蒜一起煸炒 3 分钟。

6. 加入干白葡萄酒和迷迭香，继续煸炒 2 分钟。加入鸡高汤和香叶，烧开，改为小火慢煮 10 分钟。

7. 煮到汤汁不多时加入奶油、菠萝和甜椒，再煮 2 分钟，放入盐和胡椒碎调味，搅拌均匀，最后放入干酪，关火闷约 2 分钟即可。

奶酪黄油烩鸡

香草烤鸡

人气食单

最具人气多国籍料理

推荐指数

★★★★★

推荐理由:

烤鸡鲜嫩清甜、咸鲜微辣，

且香芽的味道浓郁芳香，非常适

合夏天食用。

原料 调料

三黄鸡1只（约1000克），香茅400克，洋葱、胡萝卜各250克，芹菜100克

辣椒粉80克，洋葱粉10克，黑胡椒粉15克，匈牙利辣椒粉20克，番茄辣酱45克，盐15克，蜂蜜、色拉油各30克

腌制过程

1. 把整鸡清洗干净，放置在容器中，备用。
2. 洋葱、胡萝卜、芹菜、香茅用打碎机粉成蔬菜汁。
3. 把蔬菜汁倒入放鸡的容器中，放入剩下的调料，腌制8小时以上。

烤制过程

1. 洋葱切丝铺垫在烤盘中。
2. 把烤箱的上火设为170℃，下火设为180℃，腌制好的鸡放置在洋葱上。
3. 烤制30分钟左右即可。

制作要点

烤制的时候，每隔5分钟刷一次色拉油。

原料 调料

胡萝卜 1 根

黄油 3 克，盐、白胡椒碎适量，鸡高汤少许，马苏里拉芝士碎 40 克

制作过程

1. 把胡萝卜去皮，洗净，切成大厚圆片。（图1）
2. 深底锅内加入适量的鸡高汤、黄油、盐和胡椒碎，大火烧开后放入胡萝卜。（图2）
3. 慢煮8分钟，装入深底盘子中，撒上芝士碎。（图3）
4. 放到 180℃ 的焗炉中，把芝士焗成金黄色即可。

制作要点

这道菜品很受儿童和喜欢素食的朋友们的喜爱。

人气食单
最具人气多国籍料理
★★★★

黄油慢煮胡萝卜

推荐理由：

胡萝卜营养丰富，此菜比较适合做给宝宝吃。

香草煎番茄

人气食单
最具人气多国籍料理
推荐指数
★★★★★

原料 调料

番茄 2 个

盐、白胡椒碎各适量，黄油 10 克，阿里根奴少许

推荐理由：

色泽美观，做法别致，香气四溢，令人胃口大开。

制作过程

1. 番茄洗净，切成厚片。
2. 平底锅烧热，加入黄油和番茄片，用大火煎 3 分钟左右，撒上盐、白胡椒碎和阿里根奴即可。

说说食材

阿里根奴，一种香草，取鲜叶或干粉烤制香肠、家禽、牛羊肉，风味尤佳。也可取鲜叶做沙拉、做汤、做饭，能增加饭菜的香味，促进食欲。

普罗旺斯：紫色薰衣草田间的阳光美味

到底是谁让法国南部的薰衣草故乡普罗旺斯成为了风靡全球的旅游胜地？那可能就是放弃了阴雨连绵的伦敦生活，毅然决然搬到法国南部吕贝隆山区开始新生活的彼得·梅尔夫妇。当季节进入宜人的7月，这对《山居岁月》的主人公家中沉寂了整个冬季的电话就开始频繁地响起来，那是来自朋友们的热情问候。不可否认，大家都想在这最美的季节，亲眼看看漫山遍野的紫色薰衣草田，感受这里最纯美的浪漫和芬芳，并顺便享受一下南法艳阳照耀下甘甜的自然食物之味。

从教皇宫广场通往断桥的路上，会穿过几条蜿蜒的小巷，我非常喜欢这里隐藏的几家礼品店。薰衣草制作的枕头、香袋、精油和手工皂，梵高向日葵图案的桌布、围裙、花裙子，穿着当地民族服装的人形玩偶，做工精致、图案漂亮的瓷器、餐具等，每件都让人想收入囊中。当然，也不要错过特产薰衣草蜂蜜、果酱和教皇新堡的桃红葡萄酒。

傍晚，是古城内最大广场——教皇宫广场最热闹、最惬意的时候，中央的旋转木马响起了音乐，亮起了灯。杂耍艺人们纷纷出动，吸引人们在空地围成一个又一个的圆圈。环绕广场四周，都是迷人的法式、意大利、西班牙餐厅，身着燕尾服的帅气男招待在露天座位的入口招揽着客人，送给你一张完美而充满阳光的笑脸，蜡烛已经燃起来了，酒杯与刀叉碰撞的叮叮当当声配合着柔和舒缓的音乐，不是只有巴黎才是一场流动的盛宴，整个法国都是一场不散的宴席。

来到普罗旺斯，怎么能不尝尝这里名扬天下的南法美食？在彼得·梅尔的笔下，普罗旺斯一带的食物因为环境优美、日照充足，被形容得仿佛饱含日月之精华般美味天成，无论颜色、形状还是滋味，都特别能让人产生幸福感。

普罗旺斯乱炖、马赛鱼汤、尼斯沙拉、葡萄酒炖牛肉……听着这些名字就让人浮想联翩，哪怕是随便撒点佐料烘烤而成的小土豆，都是那么的明艳、鲜甜而美味。就像这道普罗旺斯烤番茄，用当地人的话说，做法像小孩子的游戏那么简单。准备几个番茄，当然必须是汲取了大量阳光的非常甜美多汁的番茄，将它们从中间横切，露出花瓣形的切面，放入烤盘中；将混合了蒜瓣、百里香、盐、胡椒、面包粉和橄榄油的料汁淋在番茄上，放入烤箱烤15分钟，带着浓郁南法风情的美味就可以端上餐桌啦。

（文／凡影）

黄油炒杂菜

人气食单

最具人气多国籍料理

推荐指数

★ ★ ★ ★ ★

推荐理由:

这道色香味俱佳的法国料理，营养丰富、卖相诱人，还可依个人口味随意搭配，做成自己最爱吃的炒杂菜。

原料 调料

胡萝卜1根，西蓝花8朵，菜花8朵，玉米笋80克，红甜椒1个，黄节瓜1根

大蒜末8克，百里香碎3克，黄油30克，鸡高汤少许，盐、白胡椒碎各适量

①

②

③

制作过程

1. 把胡萝卜去皮，切成厚片。黄节瓜去掉两头的根蒂，洗净，切成厚片。

2. 红甜椒去蒂、籽，洗净，切成象眼片。

3. 平底锅中放入黄油，加热至化开，放入蒜末炒香，放入所有蔬菜及百里香碎，用中火翻炒1分钟，加入适量鸡高汤，慢炒3分钟，放入盐和胡椒调味即可。

制作要点

此菜可以单品食用，也可以作为肉类或海鲜类主菜中的配菜。

小虾烩青豆

原料 调料

青豆 400 克，虾仁 150 克

黄油 30 克，盐、白胡椒碎各适量，鱼高汤少许

制作过程

1. 锅内加入适量的鱼高汤和黄油，烧开后放入青豆和虾仁慢煮 5 分钟。
2. 用盐和白胡椒碎调味即可。

人气食单

最具人气多国籍料理

推荐指数

★★★★★

推荐理由：

小虾烩青豆属于家常菜谱，制作简单营养丰富，很受女士和孩子们的欢迎。

制作要点

此菜可以作为野味的配菜或海鲜主菜的配菜，早餐也很常见。

推荐理由：

　　果香与酒香完美融合，使成

菜吃起来满口生香，回味无穷。

葡萄酒煮小番茄

原料 调料

櫻桃番茄 10 个

百里香碎 3 克，干葱 3 个，黄油 20 克，
干白葡萄酒 20 毫升，盐、黑胡椒碎各
适量

制作过程

1. 樱桃番茄洗净，干葱切成圆圈，备用。

2. 锅内放入黄油，待黄油化开，放入干葱，炒出香味，加入葡萄酒。

3. 酒精完全挥发，放入番茄和百里香，慢煮 3 分钟，用盐和黑胡椒碎调味即可。

原料 调料

土豆 2 个

欧芹少许，酸奶油 15 克，培根 1 条，迷迭香碎 1 克，盐、黑胡椒碎、橄榄油各适量

制作过程

1. 土豆洗净，撒上盐、黑胡椒碎、迷迭香、橄榄油，涂抹均匀，用锡纸包好放到 180℃ 的烤箱中烘烤 45 分钟。
2. 培根放到平底锅中煎上色，取出，切成碎末。

创意摆盘

3. 在烤好的土豆上切上十字花刀，用力挤开成花瓣的形状。把酸奶油放到土豆分裂处。最后撒上培根碎，用欧芹点缀即可。

人气食单
最具人气多国籍料理
推荐指数
★★★★★

推荐理由：

烤土豆配酸奶真的很赞，口感细嫩，不愧是招牌菜，丝毫感受不到油啊。

培根烩芦笋

推荐理由:

芦笋是一种高档而名贵的蔬菜，有鲜美芳香的风味，搭配培根烩制，风味迷人。

原料 调料

芦笋 500 克，培根 2 条

红甜椒碎 20 克，黄油 20 克，盐、黑胡椒碎、鸡高汤各适量，干葱 3 个

制作过程

1. 把芦笋的粗老处切掉，洗净；培根切成粗条；干葱对半切开，备用。

2. 锅内加入黄油，待黄油化开，加入干葱，炒出香味。放入培根，把培根的油炒出来。

3. 放入鸡高汤，接着把芦笋放进去慢煮 3 分钟，用盐和胡椒碎调味。

4. 撒上甜椒碎即可。

第三篇

典雅高贵
意大利料理

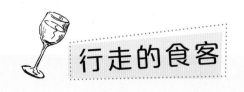

像个意大利人那样吃好喝好

这是一家没有中文名字的意餐厅，老板来自意大利，曾在26年里游历世界各地。店里面积不大，但装饰得很"欧范儿"，酒柜被嵌在墙上，吧台有很明亮的冰淇淋、蛋糕冷藏柜，看着就很诱人，醒目的地方还摆了一只很酷的玩具公仔熊，各种小温馨。

浏览一下菜单，东西还是很丰富的。首先是热身前菜，不可缺少的当然是什锦意大利火腿拼盘，还有拿过"美食风暴鲜锋好味道TOP（最优秀的）55"的白葡萄酒汁香蒜焗海虹，其他则是各种特色食材的搭配，如风干牛肉、烟熏三文鱼、金枪鱼、猪肉鸡肝冻等。

餐厅也提供三明治、汉堡、意式烧烤扒品和各种小甜品，所有汉堡都采用餐厅自制的面包，配上炸乡村土豆和4种口味的酱汁，很地道的感觉。

意餐沙拉，红绿相间的颜色让你眼前一亮。个人很喜欢芝麻菜的味道，有种特殊的辛辣气味，能够为很多菜品增加风味，用于沙拉，可以很好地叫醒昏昏欲睡的胃口，再配上酸甜适中的草莓，用橄榄油和巴萨米克醋拌了，是最好的开胃菜品。

意大利蔬菜汤的份量还真不小，里面的食材也很多样，土豆丁、胡萝卜丁、茄丁等，番茄浓汤的滋味刚刚合适，中央是现磨的橄榄油罗勒酱汁，喝汤前搅匀，更添风味。

批萨来啦，最受欢迎的帕尔马火腿、芝麻菜、帕玛森芝士批萨，可是店里的招牌，闻着就有熏火腿和硬芝士混合的独特香气，咬上一口，帕尔马火腿那种迷人的味道迅速在口中弥漫，再加上咸鲜的帕玛森芝士那浓郁的奶味，真是无以言表！毫不夸张地说，整个下午我的口腔都沉浸在那种难忘的味道当中，恨不得随时来上一块！对于一个非批萨爱好者来说，真是一个意外的惊喜。

意大利面配蛋黄酱，大部分国人比较熟悉红酱意面，好像意大利面配番茄酱是天经地义，其实，用于搭配意面的酱汁还有白酱和绿酱。曾经有人开玩笑说，意大利国旗的红、白、绿三色，就是来自红酱、白酱、青酱。其中白酱源自畜牧业发达的意大利北部，由黄油、面粉和鲜奶油制成。这款意大利面配蛋黄酱，基本属于白酱意面，酱汁用鸡蛋、蔬菜水和帕玛森干酪调制而成，奶香浓郁。是否能够欣赏并喜欢白酱，几乎可以区分出你是否是个真正的西餐爱好者。

（文／凡影）

什锦海鲜沙拉

原料 调料

鲜鱿鱼 1 条，大虾 3 只，八爪鱼 150 克，菠菜 50 克，混合蔬菜适量

柠檬汁 15 毫升，橄榄油 8 毫升，盐、黑胡椒碎各适量，黑醋 (巴萨米克醋) 5 毫升，巴马臣芝士粉 5 克

人气食单
最具人气多国籍料理
推荐指数
★ ★ ★ ★

推荐理由：

新鲜的海鲜搭配新鲜的蔬菜，使成菜鲜美无比、口感丰富。

制作过程

1. 把鱿鱼处理好，洗净，切圈。大虾去壳，去虾线。八爪鱼洗净，切段。
2. 以上处理好的海鲜用开水汆熟，过凉，待用。

创意摆盘

3. 把菠菜和混合蔬菜清洗干净装入容器中，和备好的海鲜放在一起，撒上盐、黑胡椒碎、黑醋和橄榄油拌匀装入盘中，最后撒上芝士粉即可。

番茄奶酪沙拉

人气食单
最具人气多国籍料理
推荐指数
★★★★

推荐理由:

番茄和罗勒的味道搭配有着天作之合的感觉，中间夹着有弹性的奶酪，是一道很好的开胃沙拉。

原料 调料

番茄 200 克，新鲜奶酪 150 克，新鲜蔬菜 80 克

橄榄油 10 毫升，罗勒 8 克，盐、白胡椒粉、香脂醋各适量

制作过程

1. 番茄、罗勒、蔬菜洗净，备用。
2. 番茄、奶酪切片，罗勒切碎（留 2 片作点缀用）。

烤制过程

3. 将切好的番茄、奶酪片均匀地叠放到盘子中，蔬菜和罗勒放到适合的位置。
4. 洒上香脂醋香草汁即可。

制作要点

1. 香脂醋黏稠醇厚，酸中带甜，只要加一点点便芳香四溢。对于南欧国家流行的风格清淡的沙拉来说，香脂醋的作用可谓画龙点睛。香脂醋香草汁制作方法：把橄榄油、罗勒碎、香脂醋、盐和白胡椒粉混合一起即可。

2. 新鲜奶酪可换成个人喜欢的奶酪品种，白胡椒粉也可换成黑胡椒粉。

原料 调料

吞拿鱼1罐（约200克），四季豆100克，洋葱30克，樱桃番茄2个，玉米笋2个

盐、黑胡椒碎各适量，白醋5毫升，柠檬汁3毫升，橄榄油10毫升

焯四季豆的时候一定要焯至全熟才可食用，以免中毒。

制作过程

1. 吞拿鱼洗净，控干水，太大的块切成小块，备用。
2. 四季豆去两头根部，切成5厘米左右长的段，用热水焯熟，备用。
3. 洋葱去皮，洗净，切成长条。樱桃番茄洗净一分为二。玉米笋择干净，备用。
4. 把准备好的原料放在一个容器中，加入盐、黑胡椒、白醋、柠檬汁、橄榄油搅拌均匀。

创意摆盘

5. 放置到盘子中即可食用。

吞拿鱼
四季豆沙拉

人气食单
最具人气多国籍料理
推荐指数
★★★★

推荐理由：

肉质肥美甘润，口感像雪糕般入口即融。

意式茴香根
大虾沙拉

推荐理由:

味道出乎意料,带着茴香味
儿,甜甜的,还真是不错呢!

原料 调料

大虾 200 克,鲜橙 80 克,茴香根 50 克,
洋葱 30 克

黄柠檬 1 个,柠檬汁 5 毫升,橄榄油 10
毫升,香脂醋 3 毫升,盐、黑胡椒粉各
适量

制作过程

1. 大虾洗净,去壳,去虾线,用水汆熟,过凉,
   备用。
2. 鲜橙去皮。茴香根、洋葱洗净,切成条。
   柠檬切成小角。
3. 把准备好的原料放入容器中,除柠檬角外,
   将所有的调料搅拌均匀。

创意摆盘

4. 装入盘中,最后用柠檬角点缀即可。

原料 调料

萨拉米香肠 150 克，洋葱 15 克，芹菜 1 根，豌豆 35 克，去核黑橄榄 5 个，水瓜柳 5 个，樱桃萝卜 50 克，新鲜混合蔬菜、香菜各适量

盐、白胡椒粉各适量，橄榄油 15 毫升，苹果醋 15 毫升

 说说食材

萨拉米是意大利的一种风干香肠，一般以牛肉或猪肉为主，主要用于披萨馅料的制作，或沙拉的制作，如果购买不到的话，可以用普通火腿代替。

制作过程

1. 把香肠切成厚片。洋葱去皮。芹菜去叶，洗净，切成块。豌豆煮熟，过凉，备用。
2. 樱桃萝卜洗净，切成小角。香菜洗净，切段，备用。
3. 把以上准备好的原料放到容器中，加入水瓜柳、黑橄榄和调料搅拌均匀。

创意摆盘

4. 混合蔬菜垫底，放上拌好的食材，加以点缀即可。

萨拉米肠沙拉

推荐理由：

用萨拉米和蔬菜做了一款沙拉，味道香美，蔬菜清甜，是减肥瘦身的好食谱哦。

人气食单

最具人气多国籍料理

推荐指数

★★★★★

鸡肉凯撒沙拉

原料 调料

罗马莴苣100克，去骨鸡腿肉1个，培根100克，面包1片，番茄1个，银鱼柳30克

黄油40克，大蒜10克，盐3克，白胡椒粉3克，柠檬汁3毫升，巴马臣奶酪粉10克，黑胡椒碎、凯撒汁、生菜各适量

推荐理由：

看图片就感受到这个沙拉的美味了吧，简直是散发出挡不住的香味，鸡肉的软嫩可口与沙拉菜的清爽口感融合相得益彰。

面包丁的准备

1. 方面包切成小方块，大蒜剁碎，备用。
2. 不粘锅内放入黄油，待黄油化开，放入大蒜稍炒一下，放入面包丁，用微火轻轻翻炒。
3. 待面包丁上完全沾满黄油并且炒至金黄色时（大约需要20分钟）放入盐和白胡椒粉调味。
4. 做好之后放在可以吸油的布或餐巾纸上，备用。

沙拉的制作

1. 将鸡腿洗净，用盐、黑胡椒和柠檬汁腌制一下，然后放入平底锅中用中火将鸡腿煎熟，切成粗条，备用。
2. 培根在不粘锅内用小火煎上色，切成8厘米长的条，备用。
3. 生菜洗净，晾干；番茄切小块。
4. 生菜放入容器中，放入凯撒汁，搅拌均匀后装入盘中。

创意摆盘

5. 把番茄块放置在沙拉主体的四周，接着放上莴苣、培根、银鱼柳、巴马臣奶酪粉和黑胡椒碎，最后放上做好的面包丁即可食用。

奇异果
煎明虾沙拉

人气食单

最具人气多国籍料理

推荐指数

★ ★ ★ ★ ★

推荐理由:

奇异果是一种非常适宜搭配

肉类食材的水果, 与虾的搭配尤

为经典。

原料 调料

明虾 3 只, 奇异果 (猕猴桃) 1 个, 新鲜
杂果适量

新鲜薄荷叶 1 枝, 蛋黄酱 30 克, 柠檬汁
3 毫升

制作过程

1. 把明虾去壳, 去虾线, 洗净, 从背部切开,
   用开水氽熟, 过凉, 备用。

2. 奇异果去皮, 切成小角。奇异果、杂果和
   明虾一起放入蛋黄酱、柠檬汁搅拌均匀。

3. 放在容器中, 用薄荷叶点缀即可。

原料　调料

去骨鸡腿 1 个，豆苗菜 100 克，樱桃番茄 3 个，红、绿、黄甜椒圈各适量，黑橄榄 2 个

红酒醋 5 毫升，柠檬汁 3 毫升，橄榄油 10 毫升，盐、黑胡椒碎各适量

制作过程

1. 把鸡腿洗净，加盐、黑胡椒碎、柠檬汁拌匀腌制，用平底锅煎熟，切成大块，备用。
2. 豆苗菜、樱桃、番茄、甜椒圈洗净。黑橄榄从中间切开一分为二，备用。
3. 鸡肉、豆苗菜、樱桃番茄、甜椒圈和黑橄榄放在一个容器中，放入盐、黑胡椒碎、红酒醋和橄榄油拌匀。
4. 装入盘中整理美观即可。

迷迭香鸡腿豆苗沙拉

人气食单
最具人气多国籍料理
推荐指数
★★★★

推荐理由：

豆苗的叶清香、质柔嫩、滑润爽口，色、香、味俱佳，营养丰富且绿色无公害，吃起来清香脆爽，味道鲜美独特。

蝴蝶面沙拉

推荐理由：

一款清新爽口、低脂健康又美貌的沙拉。

原料 调料

蝴蝶面 100 克，洋葱 15 克，青椒 15 克，红椒 15 克，火腿 20 克

橄榄油 10 毫升，新鲜罗勒 8 克，李派林酱油、番茄辣椒酱各少许，盐、黑胡椒粉、白醋各适量

制作过程

1. 把蝴蝶面煮熟，过凉，备用。
2. 洋葱、青椒、红椒洗净，切成方片；火腿切成方片；罗勒洗净，备用。
3. 把准备好的原料放入容器中，加入调料搅拌均匀即可。

原料 调料

罐头洋蓟心 300 克（原料），胡瓜 1 个，罐头白芸豆 50 克，罐头红甜椒 1 瓶

黑橄榄 5 个，罗勒碎 2 克，柠檬汁 3 毫升，橄榄油 10 毫升，红酒醋 5 毫升，盐、黑胡椒碎、新鲜混合蔬菜各适量

制作过程

1. 将洋蓟心切成大块。胡瓜洗净，擦丝。黑橄榄一切两半。
2. 把洋蓟心、黑橄榄、混合蔬菜、白芸豆和红甜椒放到一个容器中，加入盐、黑胡椒碎、柠檬汁、红酒醋、罗勒碎和橄榄油，搅拌均匀后放入盘中。
3. 把胡瓜丝放置在上边点缀即可。

洋蓟是一种蔬菜，食用口感介于鲜笋和蘑菇之间，有解酒、健身、养颜的功效，营养丰富，食用价值极高，有"蔬菜之皇"的美誉。

胡瓜，即黄瓜，也叫青瓜，因其是西汉时期张骞出使西域带回中原而得名。

洋蓟心胡瓜沙拉

人气食单
最具人气多国籍料理
推荐指数
★★★★★

推荐理由：

洋蓟不仅好看，而且口味独

特和清香。

汤

红薯浓汤配鱼丸

人气食单
最具人气多国籍料理
推荐指数
★★★★★

推荐理由:

甘甜软糯的红薯与鲜嫩的鱼丸相搭配,给人一种独特的口感体验。

原料 调料

红薯 1000 克,净鱼肉 200 克,新鲜蓝莓 3 个

淀粉 20 克,盐、白胡椒粉各适量,柠檬汁 3 毫升,西芹碎 5 克,洋葱碎 5 克,清水 2000 毫升

制作要点

这款汤的味道甜中带咸,所以调味的时候要尽可能地少放盐。

制作过程

1. 把鱼肉处理干净,用刀剁碎成泥,加入淀粉、盐、胡椒粉、柠檬汁、西芹碎和洋葱碎调味搅拌,用劲往一个方向抽打上劲,使鱼肉有一定的弹劲,做成丸子,备用。
2. 红薯去皮,洗净,切成方丁,放到汤锅中加上清水,用大火烧开,小火慢煮30分钟。
3. 用打碎机粉碎成有一定浓度的红薯汤,倒回锅中,用中火烧开,改为小火,把丸子放进去,慢煮约3分钟,用少量的盐调味。
4. 装入汤碗中用蓝莓点缀。

原料 调料

菠菜 500 克，松子 8 克，洋葱 20 克

罗勒 3 克，白汁（制作方法见本书 p.17）
1000 毫升，奶油 10 毫升，牛奶 500 毫升，
橄榄油 10 毫升，盐、白胡椒粉各适量，
鸡精 5 克

制作要点

松子也可以在煮汤
的时候加进去。

奶油菠菜汤
配松子

制作过程

1. 把松子放到 180℃的烤箱中烘烤上色，取
   出，备用。
2. 菠菜去根，洗净，从中间切开。洋葱去皮，
   洗净，切块。
3. 汤锅内加入橄榄油烧热，放入洋葱，煸炒
   出香味，放入菠菜和罗勒，把菠菜炒软，
   加入牛奶，大火烧开，改为小火慢煮 8 分
   钟，用打碎机粉碎，备用。
4. 白汁和菠菜汁混合在一起，用中火慢慢烧
   开，慢煮 2 分钟，加入盐、胡椒粉、鸡精
   和奶油。
5. 调好味后，开锅后装入汤碗中，最后撒上
   松子即可。

人气食单
最具人气多国籍料理
推荐指数
★★★★★

推荐理由：

淡奶油遇上纤维丰富的菠菜

时，香气扑鼻。品尝到如斯浓郁

芳香的一盘奶油菠菜汤，谁还会

记得减肥呢？

意大利蔬菜汤

人气食单

最具人气多国籍料理

推荐指数

★ ★ ★ ★ ★

推荐理由：

意大利特色汤，汤汁美味，用料里面包括了多种蔬菜，营养很丰富。

原料 调料

洋葱 1 个，西芹 2 节，胡萝卜 1 根，土豆 1 个，圆白菜 20 克，番茄 1 个，熟螺丝面 5 克

大蒜碎 8 克，番茄酱 50 克，鸡高汤 2000 毫升，香叶 2 片，百里香、罗勒各少许，盐、白胡椒粉各适量，鸡精 8 克，橄榄油 15 毫升

制作要点

在意大利很多的汤菜中，人们喜欢放些面条作为配料或者点缀物。

制作过程

1. 洋葱、土豆和胡萝卜去皮，洗净，切成小方片。西芹、圆白菜洗净，切成同样的方片。番茄洗净，切丁，备用。

2. 汤锅内加入橄榄油烧热，放入大蒜碎和洋葱片煸炒出香味，加入土豆、胡萝卜、西芹、番茄，用大火翻炒，期间加入百里香和罗勒，待把蔬菜中的水炒干后，加入番茄酱。

3. 加入番茄酱后改为小火，把番茄酱炒熟至没有酸味，加入鸡高汤和香叶，煮开锅后，改为小火慢煮 25 分钟，加入圆白菜再煮 3 分钟。

4. 加入盐、胡椒粉和鸡精调味，装入汤碗中，最后放入螺丝面即可。

原料 调料

去骨鸡腿肉 1 个，土豆丁 30 克，胡萝卜丁 30 克，西芹丁 30 克，番茄丁 30 克，香菇丁 20 克

洋葱丁 30 克，大蒜碎 10 克，百里香、罗勒各 3 克，香叶 2 片，盐、黑胡椒粉各适量，鸡高汤 1500 毫升，干白葡萄酒 15 毫升，柠檬汁 3 毫升，橄榄油 10 毫升

制作过程

1. 把鸡腿肉清洗干净，切成小丁，用盐、黑胡椒粉和柠檬汁腌制，待用。
2. 汤锅内放入橄榄油，用大火烧开，放入大蒜和洋葱炒香，加入鸡腿肉、百里香、罗勒，炒约 3 分钟，再加入葡萄酒，炒至酒精完全挥发。
3. 加入土豆丁、胡萝卜丁、西芹丁、番茄丁、香菇丁和洋葱丁，用中火翻炒蔬菜松软。加入鸡高汤和香叶。
4 用大火烧开，改小火慢煮 30 分钟即可。

鸡肉杂菜汤

推荐理由：

　　此菜加入了香嫩蘑菇、粉粉的土豆和爽口的番茄，口感丰富，滋味无穷，在炎热天气下几乎冒烟的你马上精神抖擞。

人气食单
最具人气多国籍料理
推荐指数
★★★★

鸡清汤配意大利馄饨

人气食单
最具人气多国籍料理
推荐指数
★★★★★

推荐理由:

馅料有肉有素有奶酪，再加上汤里的百里香，形成的是与中式鸡汤馄饨迥然不同的味道。

原料 调料

香菇2个，胡萝卜1根，意大利馄饨6个

盐、白胡椒粉各适量，新鲜百里香1枝，鸡高汤1000毫升

制作过程

1. 香菇洗净，切成丝，备用。
2. 鸡高汤放入汤锅中，加入香菇和胡萝卜丝，用大火烧开，加入馄饨。
3. 用小火慢煮约8分钟馄饨即熟。
4. 加入盐和胡椒粉调味。
5. 装入汤碗中用百里香点缀即可。

制作要点 在超市里买的意大利馄饨一般都是干的，所以不像中国的馄饨那么好煮，要多煮一会儿确保煮熟。

原料　调料

番茄 3 个，鸡胸肉 1 块

橄榄油 15 毫升，百里香、罗勒、盐、白胡椒粉各适量，番茄酱 50 克，小香葱末 5 克，姜末 5 克，干白葡萄酒 5 毫升，大蒜碎 5 克，鸡高汤 1000 毫升

制作过程

1. 把鸡胸肉洗净，剁成鸡肉泥，加入香葱末、姜末、盐、胡椒粉和干白葡萄酒调味，并且制作成鸡丸子，备用。
2. 将番茄去蒂，划上十字刀口，用开水焯一下，扒掉皮，然后切成小丁。
3. 汤锅内加入橄榄油，油热后放入大蒜碎炒香，放入番茄丁和番茄酱，用中火煸炒 5 分钟。
4. 加入鸡高汤、百里香和罗勒，用小火慢煮 30 分钟，加入鸡肉丸子。
5. 小火煮约 5 分钟，最后用盐和胡椒粉调味即可。

意式番茄鸡丸汤

人气食单
最具人气多国籍料理
推荐指数
★ ★ ★ ★ ★

推荐理由：

鸡肉肉质细嫩，味道鲜美，它是蛋白质最高的肉类之一，可归于高蛋白、低脂肪的食物一类。

卡拉布里亚海鲜汤

人气食单

最具人气多国籍料理

推荐指数

★★★★★

推荐理由：

这道汤，看在眼里，色彩斑斓，让人垂涎欲滴；尝在嘴里，有海鲜淡淡的鲜甜味，一切都恰到好处。

原料 调料

鱿鱼1条，大虾3汁，八爪鱼50克，青口5个，三文鱼40克，罐头去皮番茄粒1桶（约320克）

洋葱碎15克，大蒜碎10克，西芹丁50克，百里香、罗勒各3克，干白葡萄酒10毫升，白兰地5毫升，鱼高汤1500毫升，橄榄油15毫升，盐、黑胡椒碎各适量，香叶2片

制作过程

1. 将鱿鱼洗净，切圈。大虾去虾线，洗净。八爪鱼、三文鱼洗净，切丁。青口洗净，备用。
2. 汤锅内放橄榄油烧热，加入大蒜和洋葱炒出香味，加入海鲜，用大火翻炒2分钟，加入葡萄酒和白兰地，炒至酒精完全挥发，加入番茄粒、西芹、百里香、罗勒和香叶。
3. 用中火翻炒3分钟，加入鱼高汤，烧开后改小火慢煮25分钟。
4. 用盐和黑胡椒粉调味即可。

番茄培根芦笋汤

人气食单

最具人气多国籍料理

推荐指数

★★★★

原料 调料

芦笋 200 克，培根 2 条，番茄 1 个，洋葱
碎 15 克，番茄酱 50 克

盐、白胡椒粉各适量，罗勒 2 枝，鸡高汤
1500 毫升，橄榄油 15 毫升

推荐理由:

汤品红绿相间，让人看着赏
心悦目，吃起来更是回味无穷。

制作过程

1. 将芦笋去掉根部，洗净，切成小丁。番茄去蒂，洗净，切小丁。
2. 培根切成碎末。一枝罗勒切成碎末，另一枝留用。
3. 汤锅内放入橄榄油烧热，放入洋葱碎和培根碎，炒至洋葱出香味、培根里的油渗出来。
4. 加入芦笋丁和番茄丁，煸炒 3 分钟，再加入番茄酱和罗勒炒熟，加入鸡高汤、盐和白胡椒粉，
   改小火慢煮 25 分钟。
5. 装入汤碗中，用罗勒点缀即可。

主菜

意式柠檬炸鸡腿

原料 调料

去骨鸡腿 1 个

柠檬汁 3 毫升，盐、黑胡椒碎各适量，香菜末 3 克，番茄沙司 50 克，柠檬角 3 个，面粉 20 克，鸡蛋 1 个，面包糠 50 克，色拉油 500 毫升

人气食单
最具人气多国籍料理
推荐指数
★★★★

推荐理由：

柠檬炸鸡腿，吃在嘴里，风情万种，口感风味绝佳。

制作过程

1. 将鸡腿洗净，用盐、黑胡椒碎、柠檬汁、香菜末和番茄沙司腌制 10 分钟。鸡蛋打成蛋液，备用。
2. 腌好的鸡腿先蘸一层面粉，再沾满鸡蛋液，最后蘸满面包糠压实。
3. 锅内放入色拉油，油热至八成热，放入鸡腿慢炸约 3 分钟即熟。
4. 捞出，沥干油，放在盘子里，配上柠檬角即可。

原料 调料

去骨鸡腿 1 个

新鲜迷迭香 2 枝，柠檬汁 3 毫升，柠檬角
3 个，大蒜碎 3 克，新鲜混合蔬菜适量，
盐、黑胡椒碎各适量，小土豆 3 个，橄榄
油 10 毫升

推荐理由：

这款意大利烤鸡排摈弃了传统油炸方法，而改有烤箱烤制，油少更健康。

制作过程

1. 把迷迭香洗净，切成碎末，留一枝点缀使用。
2. 鸡腿洗净，用盐、黑胡椒碎、柠檬汁、大蒜碎、迷迭香碎和 2 毫升的橄榄油腌制。
3. 小土豆洗净，撒上盐，滴入少许的橄榄油，用锡纸包好放在 180℃ 的烤箱中烤 30 分钟，备用。
4. 平底锅内放入橄榄油，待油热后放入腌制好的鸡腿，用小火煎 8 分钟即熟。
5. 熟鸡腿放在盘中配上烤土豆和柠檬角。
6. 配上蔬菜，用迷迭香点缀即可。

迷迭香烤鸡腿排

米兰炸鸡排
番茄汁配意面

推荐理由:

番茄在意大利的那不勒斯首次被人用作酱汁搭配面条,从此令面条大受欢迎,甚至连皇室贵族也被吸引。

原料 调料

鸡胸肉1个,火腿、芝士片各15克,面粉50克,鸡蛋2个,玉米片50克,熟意面100克

盐、黑胡椒粉各适量,李派林酱油5毫升,柠檬汁少许,番茄汁适量,色拉油500毫升,黄油10克,罗勒叶3克

创意摆盘

5. 放在盘子中,意面用黄油加罗勒、盐和胡椒粉调味,炒一下,配在鸡胸边上,最后配上番茄汁即可。

制作过程

1. 将鸡胸肉洗净,用刀从中间切开一道3厘米长的口,剩下边缘处不要切断,加盐、黑胡椒、李派林酱油、柠檬汁腌制3分钟,备用。

2. 火腿和芝士均切成长片片。鸡蛋磕入碗中,用打蛋器打成蛋液,备用。

3. 将火腿片和芝士片塞入鸡胸内,把留口处用肉槌将肉敲打松软粘合在一起。

4. 鸡胸肉先蘸面粉,再沾蛋液,最后蘸一层玉米片,放入180℃的油锅中炸至表皮呈金黄色、鸡肉熟透,控干油。

制作要点

1. 分离鸡胸时用力要均匀,小心不要切破。

2. 沾蛋液的时候要沾匀,没沾上蛋液的地方也会蘸不上玉米片。

3. 炸的时候掌握好火候,中火慢炸。

原料 调料

三黄鸡 1 只，洋葱 100 克，青椒、番茄各 1 个

大蒜 30 克，番茄酱 150 克，红酒 300 毫升，清水 2000 毫升，盐、白胡椒粉各适量，色拉油 30 毫升，鸡精 20 克，香叶 3 片，丁香 5 粒

 制作要点

1. 喜欢吃辣的朋友加些干辣椒即可。

2. 在炖的时候也可以加些土豆。

制作过程

1. 将鸡去头，去爪，清洗干净，剁成 5 厘米大小的方块，用盐、白胡椒粉和 100 毫升的红酒腌制 15 分钟。

2. 洋葱、大蒜、青椒和番茄清洗干净，均切成大块，大蒜拍松。

3. 腌制好的鸡块放在平底锅中，用大火煎上色，捞出，沥干油，备用。

4. 锅内放入色拉油烧热，放入洋葱、大蒜煸炒出香味，放入番茄酱炒熟，放入备好的鸡块一起煸炒约 3 分钟。

5. 加入红酒和清水用大火烧开，放入香叶和丁香，调味小火慢炖 25 分钟左右。

6. 待鸡肉八分熟时放入番茄块、盐、鸡精和胡椒粉，炖熟后关火，放入青椒即可。

意式红酒烩鸡

人气食单
最具人气多国籍料理
推荐指数
★★★★★

推荐理由:

此菜将酒香与肉香完美融合，口感醇香，让人百吃不厌。

烤猪里脊配茴香啤酒汁

推荐理由:

看似华丽其实简单,
适合配上茴香啤酒,与
朋友畅谈人生喜乐……

原料 调料

猪里脊 1000 克,胡萝卜 1 根

法国芥末酱 15 克,芥末籽 5 克,马祖林
香草 3 克,盐、黑胡椒碎、茴香啤酒汁、
鲜豆苗各适量,橄榄油 8 毫升

制作过程

1. 把烤箱预热到 180℃。

2. 猪里脊洗净,用盐、黑胡椒碎、芥末酱、
   芥末籽、马祖林香草、橄榄油腌制 30 分钟。

3. 胡萝卜去皮,用去皮刀把胡萝卜削成上下
   一样粗细,酿镶到猪里脊中间。

4. 放入预热好的烤箱中,上边盖上锡纸,烤
   制 25 钟左右至熟,取出切成厚片,配上
   豆苗和茴香啤酒汁即可。

原料 调料

猪里脊 200 克，洋葱 50 克，番茄 1 个，香菇 2 个，鸡蛋 2 个，黄节瓜 1 个

新鲜百里香 1 枝，阿里根奴香草 2 克，橄榄油 15 毫升，柠檬汁 3 毫升，盐、黑胡椒碎各适量，罐头番茄粒 400 克（带汁），巴马臣芝士粉 20 克

制作过程

1. 将猪里脊分成 2 片，用肉槌敲打松软，用盐、黑胡椒碎、柠檬汁腌制，备用。
2. 鸡蛋打成鸡蛋液，加入阿里根奴香草和芝士粉搅拌均匀，把猪排放进去拌匀，备用。
3. 洋葱、番茄、香菇洗净，切成小丁。黄节瓜洗净，切成厚片，备用。
4. 平底锅内放入橄榄油烧热，把沾满蛋液的猪排和黄节瓜放到锅内，用小火煎约 5 分钟，把两面均煎上色，捞出来，用剩余的油炒洋葱，炒出香味，加入番茄、香菇丁，炒约 2 分钟，加入番茄粒和煎好的猪排，慢火焖 3 分钟，用盐和黑胡椒碎调味。
5. 把猪排放到盘子中央，黄节瓜放置在旁边，把菜丁和汤汁浇到猪排上。
6. 用百里香点缀即可。

意式洋葱烩猪排

推荐理由：

烩猪排肉质上乘，内里柔韧，
搭配洋葱一并吃进，口感鲜嫩，
味道浓郁却不油腻。

人气食单
最具人气多国籍料理
推荐指数
★★★★

牛柳扒配蘑菇汁

人气食单
最具人气多国籍料理
推荐指数
★★★★★

推荐理由:

肉质鲜嫩，配上蘑菇汁，香浓可口，吃一次让人回味无穷。

原料 调料

排酸上等牛里脊肉 200 克，新鲜混合蔬菜适量

红酒 8 毫升，法式芥末酱 5 克，橄榄油 10 毫升，盐、黑胡椒碎、蘑菇汁各适量

制作过程

1. 把牛里脊去筋，洗净，用肉槌敲打成 5 厘米厚的片，用盐、黑胡椒碎、芥末酱和红酒腌制 3 分钟。
2. 平底锅中放入橄榄油烧热，放入牛里脊，用中火将每面各煎 4 分钟，煎成八分熟的牛排。
3. 煎好的牛排配新鲜的蔬菜和蘑菇汁，上桌即可。

制作要点

1. 做这道菜要选择大工厂加工出来的排酸牛肉，这样的牛肉肉质鲜美、嫩滑，在菜市场购买的个人屠宰的鲜肉是没有办法做出上等牛排的。

2. 可根据个人喜好决定牛排的成熟度，一般建议八分熟为佳，略带血丝，很鲜嫩，口感柔滑。

3. 根据我多年的经验，若牛排选择八分熟，则黑胡椒汁要加多一些，口感和口味更容易让人接受，不喜欢吃辣的朋友，可以选择蘑菇汁、洋葱汁或红酒汁等。大型西餐厅或酒店西餐厅里，一般会有 6 种酱汁供食客选择，配菜品种也很多，可以配意面、蔬菜、土豆、烩菜等。

原料 调料

牛肋腹肌肉 200 克，青甜椒 1 片，红甜椒 1 片，黄甜椒 1 片，松子 10 克

盐、黑胡椒碎各适量，红酒 10 毫升，迷迭香 1 枝，橄榄油 15 毫升

1. 牛肋腹肌肉（RIB-EYE）也叫肉眼牛排，瘦肉和肥肉兼有，因带有肥膘，这种肉煎烤味道比较香。食用时不要煎得过熟，八分熟最好。

2. 可以随意搭配调味酱汁，如黑胡椒汁、红酒汁等。

制作过程

1. 将彩椒洗净；迷迭香切碎末，留半枝点缀用。

2. 牛腹肉用肉槌拍打松软，用盐、黑胡椒碎、红酒和迷迭香腌制。

3. 平底锅内加入橄榄油烧热，放入牛排，先煎上边的一层油，带油部分煎上色后再煎两侧，每侧用中火煎 4 分钟，取出。

4. 用煎牛排的油煎青甜椒、红甜椒、黄甜椒和松子，煎上色后加入黑胡椒碎和盐调味。

5. 牛排放盘子中央，青红黄甜椒放置在旁边，撒上松子，用迷迭香点缀即可。

松子肋眼牛排
配扒彩椒

推荐理由：

口感清新，色彩迷人。

人气食单

最具人气多国籍料理

推荐指数

★★★★★

蒜香烤羊排配番茄橄榄汁

原料 调料

带骨羊排 3 根

豇豆 100 克，法式芥末酱 10 克，面包糠 30 克，新鲜迷迭香 1 枝，大蒜碎 30 克，黄油 10 克，橄榄油 10 毫升，盐、黑胡椒碎、番茄橄榄汁各适量

制作过程

1. 羊排洗净，用肉槌敲打松软，用盐、黑胡椒碎、大蒜碎、芥末酱和橄榄油腌制 8 分钟，蘸满面包糠，备用。

2. 豇豆去掉两头的根蒂，洗净，从中间切开，用黄油开水焯熟，备用。

3. 平底锅内放入橄榄油烧热，用中火把羊排煎熟。

4. 豇豆垫底，羊排放置在豇豆上边，用迷迭香点缀。最后浇上番茄橄榄汁。

人气食单

最具人气多国籍料理

推荐指数

★★★★

推荐理由:

外皮香酥可口，肉盾蒜香浓郁。

制作要点

以上所说的黄油开水是清水中加入黄油和盐调成的专门焯蔬菜用的水。

原料 调料

长茄子 1 根，净草鱼肉 200 克，罐头番茄粒 400 克，新鲜茴香 20 克

盐、白胡椒碎粉、淀粉、巴马臣芝士粉各适量，柠檬汁 3 毫升，香菜末、罗勒碎各 3 克，洋葱碎 5 克，黑橄榄碎、蒜末各 8 克，橄榄油 15 毫升，色拉油 500 克

制作过程

1. 将茴香洗净，切成小丁，备用。
2. 鱼肉剁成泥状，加入盐、胡椒粉、柠檬汁、香菜末、洋葱碎、黑橄榄碎调味，并用劲摔打，让鱼肉泥上劲。
3. 长茄子洗净，从中间挖出空槽，撒上薄薄一层淀粉，把做好的鱼肉泥整齐地放置到空槽中。
4. 锅内加入色拉油，烧至八成热时放入处理好的茄子，用大火炸约 3 分钟，捞出，切成厚片，备用。
5. 平底锅中放橄榄油烧热，加蒜末炒香，加入茴香丁和番茄粒煸炒 2 分钟，加入适量清水烧开，放入茄段，慢煮 3 分钟后，撒上罗勒碎，装盘，撒上芝士粉即可。

番茄烩鱼肉茄子

人气食单
最具人气多国籍料理
推荐指数
★ ★ ★ ★ ★

推荐理由：

番茄烩鱼肉茄子是一道意式风味的家常菜。营养丰富，味道鲜美。

推荐理由：

黄芥末酱和酸奶的搭配非常
好吃，这个酱也可以用来拌其他
蔬菜沙拉吃。

意式三文鱼配酸奶香草芥末汁

原料 调料

带皮中段三文鱼200克（1整块），紫薯1个，芦笋80克，樱桃番茄5个

黄油20克，盐、白胡椒粉各适量，柠檬汁3毫升，干白葡萄酒8毫升，白兰地8毫升，酸奶油150克，黄芥末酱8克，新鲜莳萝草2枝（1枝切成碎末）

制作要点

1. 腌制三文鱼的时间不宜过长，柠檬汁的酸度会让三文鱼表层的肉质没有弹性，影响口感。

2. 步骤3中所说的黄油水，是在清水中加入黄油和盐，烧开后焯各种蔬菜的专用水。

3. 在煮芦笋和樱桃番茄的时候煮的时间不宜过长，开锅后1分钟即可。

制作过程

1. 把紫薯去皮，洗净，切成大块，放入锅中加入适量的清水，慢煮30分钟煮熟，把紫薯块捞出来，放到容器中用打蛋器把紫薯捣碎，制成紫薯泥，备用。

2. 三文鱼洗净，用盐、胡椒粉、柠檬汁、白兰地和干白葡萄酒腌制3分钟，备用。

3. 芦笋和小番茄洗净，芦笋去根留嫩的部分，两者用黄油水煮熟，捞出，备用。

4. 酸奶油放到一个容器中，加入黄芥末酱、莳萝草碎和盐搅拌均匀，备用。

5. 平底锅中放入黄油，待黄油化开，放入三文鱼，把三文鱼的一面煎成金黄色，再反过来煎另外一面，在煎每一面的时候都加干白葡萄酒和白兰地，两侧均煎成金黄色即可。

创意摆盘

6. 拿一个大盘子，先放上紫薯泥，紫薯泥摆放整齐有一定的高度，再摆上三文鱼，把樱桃番茄放置在旁边，浇上酸奶油香草汁，最后用莳萝草点缀即可。

茴香酒奶油烩海螺

人气食单
最具人气多国籍料理

推荐指数
★ ★ ★ ★ ★

推荐理由:

此菜最宜适合情侣度蜜月食用。海螺肉质非常新鲜可口, 是最受当地人欢迎的菜。

原料 调料

海螺肉 300 克, 番茄 1 个, 白菌 80 克

洋葱碎 15 克, 大蒜碎 10 克, 百里香碎末 3 克, 柠檬 1 个, 茴香酒 15 毫升, 盐、白胡椒粉各适量, 奶油 30 毫升, 橄榄油 15 毫升

制作过程

1. 把海螺肉清洗干净, 备用。

2. 番茄和白菌洗净, 切成同样大小的方丁。柠檬去皮, 把柠檬皮切丝, 备用。

3. 锅内加入橄榄油烧热, 加入洋葱碎和大蒜碎, 炒出香味, 加入海螺肉和百里香, 用大火煸炒 1 分钟, 加入茴香酒, 煸炒 3 分钟, 至酒精完全挥发。

4. 加入番茄、白菌丁和柠檬皮丝, 再次大火煸炒 3 分钟。加入奶油, 改小火慢煮 2 分钟, 用盐和胡椒粉调味即可。

制作要点

1. 清洗海螺肉的时候一定要清洗干净, 因为有很多沙子。

2. 不习惯用柠檬皮制作菜肴的朋友可以不放, 把柠檬皮改为柠檬汁即可。

原料 调料

实心面 200 克，鸡胸肉 150 克，香菇 2 个，
洋葱条 20 克，胡瓜 1 个

盐、黑胡椒碎各适量，柠檬汁 3 毫升，橄
榄油 15 毫升，李派林酱油 8 毫升

人气食单
最具人气多国籍料理
推荐指数
★★★★★

推荐理由：

此面制作方便，食材简单易
得，口感筋道又鲜香无比。

制作过程

1. 把实心面煮熟，捞出，放入凉开水过凉，备用。
2. 鸡胸肉洗净，切片，用盐、黑胡椒碎、柠檬汁腌制。
3. 胡瓜、香菇分别洗净，切成丝，备用。
4. 平底锅内加入橄榄油烧热，放入鸡片，炒熟，捞出，备用。
5. 用余油炒洋葱，炒出香味后放入香菇丝，炒 2 分钟，把鸡片回锅，放入实心面和李派林酱油，
   翻炒 2 分钟，用盐和黑胡椒碎调味。
6. 装入盘中，最后撒上胡瓜丝即可。

蘑菇鸡肉炒意面

意式传统千层面

原料 调料

千层面皮6张,牛肉酱100克(制作方法见本书 p.14)

白汁80克(制作方法见本书 p.17),番茄汁50克(制作方法见本书 p.12),马苏里拉芝士碎80克,阿里根奴香草1克

制作过程

1. 把面皮煮10分钟,过凉,备用。
2. 准备一个深底盘子,先铺垫2张千层面皮,在面皮上抹薄薄一层番茄汁,涂抹均匀,再涂抹一层白汁,在白汁的上边涂抹一层牛肉酱,涂抹均匀,再铺垫一层千层面皮,依次类推,再按顺序和食材涂抹一遍,最后两片面皮铺垫在最上边。
3. 制作完毕,撒上芝士碎和阿里根奴香草,放到220℃的烤箱中,烘烤15分钟至芝士呈金黄色即可。

制作要点

1. 如果使用焗炉的话,把温度调到180℃,焗烤约15分钟,芝士上色即可。
2. 阿里根奴香草也叫牛至、批萨草等。

推荐理由:

千层面 lasagna 是用长扁面条所做的一道意大利菜,口感丰富且有层次,味甜咸鲜,特别开胃。

人气食单
最具人气多国籍料理
推荐指数
★★★★

海鲜茄汁车轮面

原料 调料

鲜鱿鱼、大虾、青口各 150 克，番茄汁 150 克，车轮面 230 克，圣女果 10 克

橄榄油 15 毫升，去核黑橄榄 5 个，干白葡萄酒 10 毫升，大蒜 10 克，罗勒叶 2 片，巴马臣芝士粉 30 克，盐、黑胡椒粉各适量

制作过程

1. 将海鲜洗净，鱿鱼切圈，大虾去虾线，青口洗净。
2. 大蒜洗净，剁碎；罗勒叶洗净，备用。
3. 车轮面放在开水中煮 8 分钟，捞出控干水。
4. 锅内放入橄榄油烧热，放入大蒜炒香，放入海鲜，用大火炒约 3 分钟，加入干白葡萄酒，炒至酒精完全挥发，加入车轮面、圣女果、黑橄榄和番茄汁翻炒 2 分钟。
5. 放入罗勒、盐和胡椒粉，翻炒均匀。最后放上芝士粉，罗勒叶点缀即可。

人气食单

最具人气多国籍料理

推荐指数

★★★★

推荐理由：

营养健康，口感酸甜适度。

奶油煎鸡肉烩菠菜面

人气食单
最具人气多国籍料理
推荐指数
★★★★★

推荐理由:

菠菜加入奶油，去除了菠菜的苦涩味。再加鸡肉，营养又味美，已经成为意式家常菜。

原料 调料

意大利菠菜面 200 克，去骨鸡腿肉 1 个，豌豆 15 克，熟核桃仁 3 克，洋葱丁 15 克

迷迭香 2 枝，柠檬汁 3 毫升，盐、黑胡椒碎各适量，奶油 20 毫升，橄榄油 15 毫升

制作过程

1. 把菠菜面煮 6 分钟，煮熟，过凉。迷迭香切碎，留 1 枝。
2. 去骨鸡腿洗净，用盐、黑胡椒碎、柠檬汁、迷迭香腌制 8 分钟。
3. 平底锅内加入橄榄油烧热，放入鸡腿，先煎带皮的一面，待上色后再煎另一面，小火煎约 5 分钟，把鸡腿切成方丁，备用。
4. 用煎鸡腿的油炒洋葱丁，炒出香味。加入豌豆，略炒 1 分钟。加入奶油和菠菜面，改为小火慢煮 3 分钟，用盐和黑胡椒调味。
5. 装入盘中撒上核桃仁，用迷迭香点缀即可。

制作要点

这道菜的面条是煮 6 分钟，因为后面需要用烩的烹调方法，食材在锅里的时间比炒的时间要长些，所以在准备半成品的时候要把烩的时间考虑进去，不然的话食材煮得过度老，口感就不好了。

原料　调料

贝壳面 200 克，洋葱丁 15 克，青豆 30 克，
黑橄榄 3 个，樱桃番茄 5 个

番茄汁 80 克，荷兰芹碎末 3 克，大蒜碎
15 克，罐头吞拿鱼 150 克，盐、黑胡椒
碎各适量，橄榄油 10 毫升，巴马臣芝士
粉 30 克

制作过程

1. 贝壳面煮熟。樱桃番茄洗净，从中间切开一分为二，备用。
2. 平底锅内放入橄榄油烧热，加入洋葱丁和 10 克大蒜炒出香味，放入黑橄榄和青豆煸炒 2 分钟，
   加入番茄汁和吞拿鱼慢煮 3 分钟，用盐、黑胡椒碎调味制成酱汁，备用。
3. 另用一个平底锅放入橄榄油烧热，放入剩下的 5 克大蒜，炒香，放入番茄和荷兰芹碎末略炒，
   放入煮好的贝壳面，用盐和黑胡椒调味，装入盘中。
4. 把准备好的酱汁浇到炒好的贝壳面上，最后撒上芝士粉即可。

吞拿鱼贝壳面

推荐理由:

　　吞拿鱼贝壳面有一种独
特的魅力。想在夏日换个
口味，来点异国风味，这
道料理是不错的选择哦！

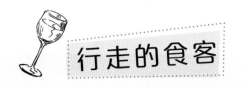

地中海之味

"如果这辈子只能去欧洲的一个国家，那么我一定选择意大利！"行走过欧洲十几个国家后，我得出这样的结论。意大利可远不止有足球和踢球的帅哥，这里有最优美繁复的建筑，有无数艺术大家的经典巨作，有迷人的地中海风光，当然还有人人称赞的意大利美食。许多文人墨客都曾在自己的作品中描述过对意大利美食的美好回忆，比如我深爱的日本作家村上春树，用他的说法，在意大利是不用看美食指南的，随便走进一家路边的小馆子，都能吃到令人惊艳的美味！如果你想成为世界级的厨师，也一定要到意大利去学习过面食制作才行！

世界杯期间，北京蓝色港湾一带各色异国餐厅突然变得异常火爆起来。在蓝色港湾面向护城河的一侧有一家意大利餐厅，餐厅提供的菜品主要为地中海料理。所谓地中海风味，是指希腊、西班牙、法国和意大利南部等处于地中海沿岸的南欧各国以蔬菜水果、鱼类、五谷杂粮、豆类和橄榄油为主的饮食风格，简单、清淡且富含营养，因此地中海饮食也是健康饮食的代名词。

意大利冷切拼盘，包含帕尔马火腿、摩特苔拉香肠、萨拉米香肠和巴马臣芝士、橄榄以及什锦蔬菜，一份拼盘尽享多种南欧加工肉风味，红肉配红酒，必点之选。

Tomato bruschetta番茄配面包、Tuna bruschetta金枪鱼配面包，香脆坚韧的法棍切片抹上罗勒叶酱、香蒜汁和橄榄油，再配上腌制好的番茄片、金枪鱼泥、橄榄等，是非常棒的餐前开胃小菜。

希腊沙拉、橄榄餐厅沙拉、凯撒沙拉，种类繁多又新鲜美味的蔬菜，搭配巴马臣芝士、飞达芝士、鸡肉、大虾、希腊橄榄、口袋饼、香草面包等，用橄榄油与意大利橡木醋汁等调料简单搅拌，就成就了健康美味的餐前沙拉。

脆炸小鱿鱼、希腊炸鱼薯条，鲜嫩的鱿鱼和小海鱼裹上脆炸粉炸得外脆里嫩，再搭配新鲜柠檬、蔬菜、水瓜柳、橄榄等食材，蘸上西班牙蒜蓉蛋黄酱和塔塔酱，让人一下子找到了在欧洲海边度假的感觉。

意式炒辣味斜切空心粉、肉酱千层面，里面的意大利香肠十分惹味，千层面使用筋道的宽面条混合酱汁堆叠而成，口感丰富宜人。

（文／凡影）

批萨：即意大利薄饼，也译作批萨、皮萨、匹萨等，系将油蘸面坯置于批萨铁盘中。添加多种馅料（如猪肉、牛肉、火腿、黄瓜、茄子、洋葱）烘烙而成，内有干酪番茄酱提味，上面还要点缀橄榄丝和鸡蛋丁。正宗的意式薄饼是薄而脆的，只铺上番茄酱、芝士、橄榄或香草(如辣菠菜Rucloa)，吃时用刀、叉切成适合大小或卷起来吃。

夏威夷批萨

人气食单
最具人气多国籍料理
推荐指数
★★★★★

推荐理由：

用新鲜菠萝搭配火腿做馅料的夏威夷风情批萨是某些西餐、批萨店的热卖品，自己在家做一点儿也不难。

原料 调料

饼底1张，火腿100克

批萨酱30克，菠萝100克，阿里根奴香草1克，马苏里拉芝士100克，盐适量

制作过程

1. 烤箱提前预热到180℃（烤箱温度设置：上火200℃，下火180℃）。

2. 火腿切丝。菠萝去皮，洗净，切丁。芝士擦成丝，备用。

3. 将批萨酱均匀地抹在饼底上，准备好的火腿、菠萝、芝士均匀放在上边。

4. 上面再撒上盐和阿里根奴香草，均匀地铺上芝士丝，再撒一层阿里根奴香草。

5. 放入预热好的烤箱中层，烤约12分钟，至芝士丝软化、面皮底部上色即可出炉。

萨拉米 火腿批萨

人气食单

最具人气多国籍料理

推荐指数

★★★★★

推荐理由:

追求个性, 还要兼顾实惠。

批萨不仅好吃不贵, 而且都透着

潮人的范儿。

原料 调料

饼底 1 张, 批萨酱 30 克, 萨拉米肠 8 片,
洋葱圈 5 个, 青椒圈 5 个, 红椒圈 5 个,
玉米粒 10 克

阿里根奴香草 1 克, 马苏里拉芝士 100 克,
盐、白胡椒粉各适量

制作过程

1. 烤箱提前预热到 180℃ (烤箱温度设置:
   上火 180℃, 下火 180℃)。
2. 芝士擦成丝, 备用。
3. 将批萨酱均匀地抹在饼底上, 撒上芝士丝,
   依次放上洋葱圈、青红椒圈、玉米粒、萨
   拉米, 再撒上盐、胡椒粉和阿里根奴香草。
4. 入烤箱, 烤约 12 分钟, 芝士丝化开, 面
   皮底部上色即可出炉。

说说食材
　　萨拉米: 意大利肉肠, 雅称"莎乐美", 形似粗长滚圆的擀面杖。外面
有一层粉状的白霉, 切开后嫣红欲滴, 香气四溢。

原料　调料

饼底 1 张，批萨酱 30 克，吞拿鱼 150 克，洋葱 50 克，青椒 50 克，黑橄榄 3 个，西蓝花 50 克，萨拉米肠 5 片

盐适量，阿里根奴香草 1 克，马苏里拉芝士 100 克

制作过程

1. 烤箱提前预热到 180℃（烤箱温度设置：上火 200℃，下火 180℃）。
2. 洋葱、青椒分别洗净，切成丝。西蓝花洗净，掰成小朵，下开水锅焯熟，捞出，冲凉，控干。吞拿鱼洗净，剁成细碎。黑橄榄切成片。
3. 芝士擦成丝，备用。
4. 将批萨酱均匀地抹在饼底上，准备好的吞拿鱼碎、洋葱、青椒、西蓝花和黑橄榄均匀地放在上边。
5. 撒上盐和阿里根奴香草，均匀地铺上芝士丝，再次撒上阿里根奴香草和萨拉米。
6. 放入烤箱，烤约 12 钟，看到芝士丝软化，面皮底部上色，出炉即可。

人气食单
最具人气多国籍料理
推荐指数
★★★★

推荐理由：

吞拿鱼带来细致的口感，与新鲜的蔬菜、纯香的芝士一起，为您呈现鲜嫩美味。

黑椒牛肉焗饭

人气食单
最具人气多国籍料理
推荐指数
★★★★

推荐理由：

> 没有烤箱的朋友们，也可以直接做成黑椒牛肉炒饭，一样很香的哟。当然如果炒制洋葱时加入适量橄榄油风味更佳。

原料 调料

熟米饭 200 克，牛里脊 150 克，洋葱 30 克，青甜椒 20 克，红甜椒 20 克，黄甜椒 20 克

黑胡椒汁 80 克（制作方法见本书 p.15），马苏里拉芝士碎 50 克，盐、黑胡椒碎、橄榄油各适量

制作过程

1. 把牛里脊清洗干净，用肉槌敲打松软，用盐和黑胡椒碎腌制。
2. 用不粘锅把牛排煎熟，切成粗条，备用。
3. 洋葱和青红黄甜椒洗干净，切成条。
4. 平底锅内放入橄榄油烧热，放入洋葱炒出香味，放入青甜椒、红甜椒、黄甜椒和黑胡椒汁烧熟，把牛排条放进去，放入适量的盐和黑胡椒调味。
5. 米饭装入盘中，把做好的料汁浇在米饭上，撒上芝士碎。
6. 放入180℃的焗炉中，焗烤至芝士上色即可。

原料 调料

熟米饭 200 克，猪里脊
150 克，黄节瓜 30 克，
罐头番茄粒 80 克，樱桃
番茄 5 个，青豆 15 克，
玉米粒 15 克，鸡蛋 1
个

香葱碎少许，李派林酱
油 3 毫升，黄芥末酱少
许，新鲜百里香 3 克，
洋葱条 30 克，盐、黑胡
椒碎各适量，马苏里拉
芝士碎 10 克，橄榄油
20 毫升

制作过程

1. 将猪里脊洗净，从中间切开分为 2 片，用肉槌敲打松软，
   加入盐、黑胡椒碎、李派林酱油、黄芥末酱腌制 15 分钟，
   备用。
2. 黄节瓜洗净，切厚片。樱桃番茄洗净，切两半。鸡蛋打成蛋液。
3. 锅内放入橄榄油烧热，放入鸡蛋液，大火不停翻炒，炒制
   成碎粒；再放入青豆和玉米粒，翻炒 1 分钟；再放入米饭、
   少许的盐和黑胡椒碎，翻炒 2 分钟，撒入香葱碎，出锅装
   入深底盘子中，备用。
4. 平底锅中放入橄榄油烧热，放入猪排煎烤，一面煎成金黄
   色后再煎另外一面，两面均为金黄色，取出。
5. 煎猪排的油中放入洋葱炒出香味，放入节瓜片炒约 3 分钟，
   至节瓜脱水软化，加入番茄粒和百里香，煮开后猪排放回
   锅中，改为小火，慢煮 3 分钟，最后用盐和黑胡椒碎调味。
6. 把烩好的猪排和汤汁浇到米饭上，撒上芝士碎和樱桃番茄，
   放到 180℃的焗炉中，把芝士碎焗成金黄色即可。

米兰焗猪排饭

人气食单
最具人气多国籍料理
推荐指数
★★★★

推荐理由：

点一款香浓的意式焗饭，吃

出的不仅仅是美味还有一种精神

上的享受。

西蓝花 大虾焗饭

推荐理由：

西蓝花营养丰富，营养成分位居同类蔬菜之首，被誉为"蔬菜皇冠"。

原料 调料

熟米饭 200 克，大虾 3 只，西蓝花 80 克

大蒜碎 10 克，奶油 80 克，干白葡萄酒 15 毫升，马苏里拉芝士碎 30 克，阿里根奴香草 1 克，橄榄油 10 毫升，鸡蛋 2 个，盐、黑胡椒碎、香葱碎各适量

制作过程

1. 大虾去除虾线，虾须，洗净。鸡蛋打散成蛋液，备用。

2. 平底锅内放入橄榄油烧热，放入香葱碎和米饭，中火翻炒 1 分钟，加入少许的盐和黑胡椒碎，翻炒均匀，倒入鸡蛋液，不停翻炒，把米饭和蛋液充分地混合在一起，待鸡蛋炒熟后装入深底盘中，备用。

3. 平底锅置火上，加入橄榄油烧热，放入大蒜炒香，放入大虾、葡萄酒，用中火炒至酒精完全挥发，放入奶油，开锅以后慢煮 3 分种，放入西蓝花，加入盐、黑胡椒碎，慢煮 2 分钟，至西蓝花煮熟即可，连同大虾和汤汁一起浇到炒好的米饭上。

4. 撒上芝士碎和阿里根奴香草，放到焗炉中，用 180℃ 的温度焗 8 分钟左右即可。

第四篇

快捷家常
美国料理

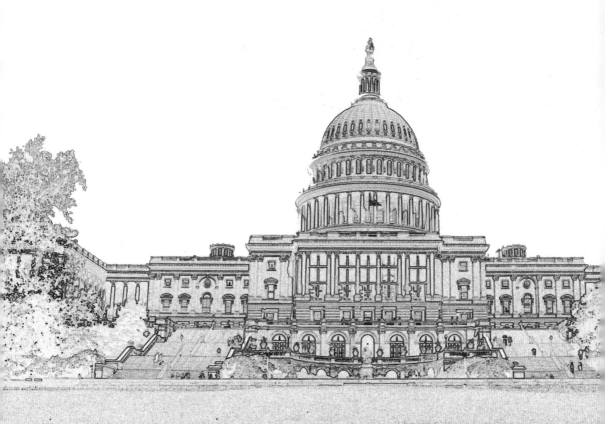

美式早餐

煎土豆饼

人气食单
最具人气多国籍料理
推荐指数
★★★★★

推荐理由:

口味独特,又软又脆,美味
可口,老少皆宜,是早餐的不错
选择。

原料 调料

土豆2个,面粉150克,洋葱碎15克,欧芹碎10克,新鲜混合蔬菜适量

豆蔻粉3克,牛奶、黄油各少许,盐、黑胡椒粉各适量

制作过程

1. 把土豆削皮,洗净,用擦丝器擦成细丝。
2. 土豆丝放入容器中加入面粉和其他食材混合在一起,搅拌均匀,制成土豆糊。
3. 平底锅中放入黄油,加热至化开,舀入土豆糊,用锅铲摊开,小火慢煎,一面上色后煎另外一面,
   待两面均为金黄色即可。
4. 煎好后摆在盘子里配上蔬菜即可。

原料 调料

玉米面 500 克，玉米粒 80 克

牛奶 80 毫升，黄油、杂果、糖浆各适量，
薄荷叶 1 枝

制作过程

1. 把玉米面、牛奶、15 克的黄油、玉米粒一同放到容器中，混合搅拌均匀。
2. 平底锅中放入适量的黄油，待黄油化开，放入一勺的面糊，小火慢煎，待一面上色后再煎另外一面，两面均为金黄色即可。
3. 煎好的玉米饼放到盘中配上杂果和糖浆，最后用薄荷叶点缀即可。

人气食单
最具人气多国籍料理
推荐指数
★ ★ ★ ★

推荐理由:

玉米面饼不仅有浓郁的玉米香，还可以作为杂粮主食，丰富餐桌。

华夫饼配草莓酱

人气食单
最具人气多国籍料理

推荐指数
★★★★★

推荐理由：

华夫饼配上自己喜欢的草莓酱，鲜润柔滑，馥郁醇香，使心情尽情绽放。

原料 调料

华夫饼专用粉 500 克，鸡蛋 2 个，牛奶 15 毫升

黄油、草莓酱适量，薄荷叶 1 枝

制作过程

1. 把华夫饼粉放到容器中，磕入鸡蛋，牛奶和 15 克的黄油一同加入面粉中，用打蛋器把以上食材搅拌均匀，备用。

2. 平底锅中放入黄油，待黄油化开，加入一勺面糊，用小火慢煎，一面上色后煎另外一面，待两面均为金黄色即可。

3. 煎好的饼放到盘子里配上草莓酱，最后用薄荷叶点缀即可。

原料 调料

三文鱼 200 克，白面包 2 片，洋葱丁 30 克，水瓜柳 20 克，欧芹碎 5 克，菠萝丁 50 克，生菜少许

烤辣椒碎 2 克，柠檬汁 2 毫升，盐、白胡椒碎各适量，橄榄油少许，黄油 10 克

制作过程

1. 三文鱼洗净，切成小丁，放入容器中。
2. 加入洋葱丁、水瓜柳、欧芹碎、柠檬汁、菠萝丁、辣椒碎、盐、胡椒粉和橄榄油，搅拌均匀。
3. 平底锅中放入黄油，待油化开，放入面包片，把两面均煎上色，拿出来切掉边缘，对切成角，备用。
4. 生菜放在盘子里垫底，把拌好的三文鱼放置在生菜上，然后搭配煎面包即可。

阿拉斯加三文鱼
配面包片

人气食单
最具人气多国籍料理
推荐指数
★★★★

推荐理由:

　　塔塔酱的酸甜口味和三文鱼的咸鲜味道很配，加上切片面包就不会很腻。

煎鸡蛋配炒蘑菇

原料 调料

鸡蛋 1 个，白菌 150 克，青豆 50 克，
玉米粒 50 克，樱桃番茄 2 个

黄油 15 克，洋葱碎 15 克，干白葡萄酒
5 毫升，盐、白胡椒粉、橄榄油各适量，
百里香 1 枝

人气食单

最具人气多国籍料理

推荐指数

★★★★

推荐理由:

煎鸡蛋配炒蘑菇味道好极了:

鸡蛋外焦里嫩，蘑菇香味浓郁。

制作过程

1. 白菌洗净，去根，切成大块。樱桃番茄洗净，对半切开。鸡蛋磕在容器中，备用。
2. 平底锅中橄榄油烧热，放入准备好的鸡蛋，用中火煎上色，放入盘中。
3. 锅中再稍加些黄油，待油化开后放入洋葱炒香，放入白菌、青豆、番茄和玉米粒翻炒几下，
   放入干白葡萄酒，慢火翻炒 2 分钟，用盐和胡椒粉调味，制作完毕后放在煎鸡蛋旁边。
4. 用百里香点缀即可。

原料 调料

鸡蛋 3 个，洋葱丁 30 克，番茄丁 30 克，
青椒丁 30 克，香菇丁 30 克

罗勒叶 1 枝，番茄沙司、盐、胡椒粉、
橄榄油各适量

制作过程

1. 把鸡蛋磕在容器中，用打蛋器打碎，备用。

2. 不粘锅内加入橄榄油，待油热后放入洋葱
   炒出香味，放入洋葱丁、番茄丁、青椒丁、
   香菇丁，用盐和胡椒粉调味，煸炒 2 分钟。

3. 加入鸡蛋液，快速翻炒，待接触锅底部分
   的蛋液定型后，慢慢地卷起，制成卷状，
   放入盘子中。

4. 浇上番茄沙司，用罗勒点缀即可。

蔬菜鸡蛋卷

人气食单
最具人气多国籍料理
推荐指数
★★★★★

推荐理由：

　　一日之计在于晨，早餐的营
养是很重要的，用普通的食材做
成美味的鸡蛋卷饼，让家人品尝
一顿美味又营养的早餐吧。

奶油南瓜鳄梨汤

原料 调料

南瓜 500 克，鳄梨 2 个，新鲜薄荷叶 1 枝

清水 1000 毫升，淡奶油 50 毫升

人气食单

最具人气多国籍料理

推荐指数

★★★★★

制作过程

1. 把南瓜去皮，去籽，切成薄片。鳄梨去皮，去壳，洗净，切成粒，留 2 克左右点缀使用。

2. 汤锅内加入清水，放入南瓜和鳄梨，大火烧开，改为小火，慢煮 15 分钟。

3. 倒入料理机中打碎，倒回锅中，加入淡奶油，烧开后即可盛入碗中。

4. 装入汤碗中，放上鳄梨丁和薄荷叶点缀即可。

推荐理由：

鳄梨搭配奶油和南瓜一起粉碎后熬煮，做好的汤品口感细嫩、香滑，色泽金黄，而且带有非常浓郁的香甜味。

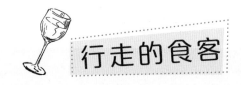

救命的浓汤

中国传统粤菜里的煲汤讲究一个"清"字，虽然原料十分丰富，从水果、干果到中药材再到类似海马干、鲨鱼骨这种少见的食材，然而最后入口的，却是毫无油腻感甚至没什么食材气味的清汤，若主人不将全汤一起上桌，恐怕难以猜出是什么做的汤呢。就是这么一种清汤，却是粤菜精华所在——所有食材的营养都因为经过长时间的煲煮而融入汤汁当中，一罐清汤下肚，不需要再吃里面的食渣，营养也一并落袋，有吸日月精华之妙。

而西菜里的汤则正好相反，讲求一个"浓"字，常见的如奶油蘑菇汤、南瓜浓汤、玉米浓汤等。这种浓汤的黏稠，是来自其中加入的面粉，而浓郁的口感则来自奶油、黄油等。我的一位朋友很擅长做奶油蘑菇汤，甚至可以与西餐厅媲美，每次聚会，大家都要求一品大作。首先，将洋葱碎在黄油中爆香，直至变软成透明软烂状；其次，加入切成小片的口蘑，稍稍炒一下；再次，缓缓加入少许高汤和面粉搅动，直至达到合适的浓度；最后，在蘑菇充分熟透后，加入牛奶，并加黑胡椒、盐调味即可。

旅行时曾经历过严重的感冒，喉咙疼得无法说话，生病的几天里，我每顿必点的是番茄洋葱汤，颜色红艳喜人的汤汁浓郁黏稠，散发着洋葱特有的香气，汤的表面常常撒了少许迷迭香、香菜等香料碎叶，有时还会点几滴淡奶油，红的、绿的、白的搭配，看起来就让人胃口大开。入口时，酸甜咸三种味觉同时来袭，还有点烫烫的辣味，喝起来似乎有种驱除病痛的魔力。正宗讲究的番茄洋葱汤里，还会加入炸得酥脆的面包粒，香香脆脆的面包块又吸入少许浓汤汁，变得尤其好吃，同时还可以提供一定热量，真是一道既美味又饱腹的好汤！靠着这道汤，我硬是在病得十分严重的情况下，依然早出晚归地奔波游览，竟然还渐渐好起来。

另一次，因为连续几天狂吃物美价廉的海鲜自助晚餐而严重上火，还有点消化不良倾向，再出来觅食时，已经对满街的大餐毫无胃口。刚好看到一个自然风格的餐厅，点了一份蟹肉味玉米浓汤尝试一下。眼前的玉米浓汤呈现出诱人的奶黄色，还有小颗的蟹肉棒混在其中，入口既有玉米特有的香甜，也有蟹肉的鲜咸，竟然异常鲜美，一口又一口不停口地喝下去，完全忘记自己几近食滞的现状。

(文/凡影)

美式奶油蘑菇汤

人气食单
最具人气多国籍料理
推荐指数
★★★★★

推荐理由:

此汤是一种普遍的西餐汤，与罗宋汤一样，是每家西餐厅必备的汤。所以喜欢做西餐的大厨，这个菜是必学的啊。

原料 调料

白菌 400 克，鸡高汤 1000 毫升，洋葱 50 克

黄油 30 克，香叶 2 片，干白葡萄酒 3 毫升，白兰地 1 毫升，淡奶油 100 毫升，盐、白胡椒粉各适量，罗勒叶 1 枝，百里香 1 枝

制作过程

1. 把白菌洗净，切成片。洋葱洗净，切成丝，备用。
2. 罗勒和百里香洗净，切成碎末，百里香留一节，做点缀用。
3. 汤锅内加入黄油，待黄油化开，放入洋葱丝炒出香味，放入白菌片（留 2 片点缀用），大火煸炒出水，加入干白葡萄酒和白兰地，继续用大火煸炒至酒精完全挥发。
4. 放入百里香、罗勒、香叶和鸡高汤，大火烧开，改小火慢煮 20 分钟，放入料理机中打碎，倒回锅中，加入奶油，烧开，用盐和胡椒粉调味。
5. 装入汤碗中，最后用白菌片和百里香点缀即可。

原料 调料

番茄汁 500 毫升，苹果 2 个

番茄沙司 80 克，美国大杏仁 50 克，鳄梨 1 个，番茄 1 个，薄荷叶 2 枝，苹果醋 3 毫升，蜂蜜少许

① ② ③ ④

制作过程

1. 鳄梨、苹果去皮，去核，切成大块，留一点苹果切成小碎丁。（图 1、图 2）
2. 番茄洗净，去皮，去根蒂，切成大块。杏仁去皮，备用。
3. 新鲜薄荷叶 1 枝切碎。（图 3）
4. 把以上所准备好的食材倒入打碎机桶中，加入番茄汁、苹果醋、番茄沙司和蜂蜜，打碎倒入容器中，加盖，放入冰箱中冷藏 30 分钟以上。
5. 食用时装入汤碗，撒上苹果小丁，摆上薄荷叶即可。（图 4）

美国番茄苹果冷汤

人气食单

最具人气多国籍料理

推荐指数

★ ★ ★ ★ ★

推荐理由：

这道酸甜可口的冷汤富含有抗氧化功效的番茄红素，在炎夏里喝一碗，清爽怡神。

推荐理由:

这是一款美国家常汤，什么时候喝都暖心暖胃，再搭配奶酪焗面包很好吃哦。

美式蔬菜汤配奶酪焗面包

原料 调料

面包片 2 片，西红柿丁 100 克，胡萝卜丁 50 克，青豆 30 克，土豆丁 50 克，西芹丁 30 克

洋葱丁 30 克，大蒜末 15 克，罗勒叶 1 枝，番茄酱 80 克，鸡高汤 1000 毫升，马祖里拉芝士碎 30 克，盐、白胡椒粉、白糖各适量，黄油 30 克

制作过程

1. 在面包片上撒芝士碎，放在 180℃ 的焗炉中，把芝士焗化开并且上色，备用。
2. 汤锅内加入黄油，待黄油化开，放入大蒜和洋葱，大火炒出香味。（图 1）
3. 加入西红柿丁、土豆丁、西芹丁、胡萝卜丁、青豆和罗勒叶，大火煸炒 1 分钟。（图 2、图 3）
4. 加入番茄酱，把番茄酱炒熟，加入鸡高汤。（图 4）
5. 大火烧开，撇去浮沫，改为小火，慢煮 15 分钟。（图 5）
6. 待 15 分钟后蔬菜成熟时加入盐、胡椒粉、白糖调味，装入汤碗中，把焗好的面包放上去即可。
   （图 6、图 7）

沙拉

推荐理由：

此菜口感丰富、营养全面、制作简单，特别适合上班族食用。

美国大杏仁西芹沙拉

原料 调料

熟大杏仁 150 克，西芹 2 小根，树莓 30 克，葡萄干 30 克，菠萝片 50 克

橄榄油 5 毫升，橙汁 2 毫升，盐适量，新鲜薄荷叶 1 枝

制作过程

1. 把西芹的粗丝去掉，切成象眼片，用开水焯熟，过凉，备用。树莓洗净，备用。

2. 把大杏仁、西芹和菠萝片一同放到容器中，加入橄榄油、橙汁、盐调味拌匀，装入盘子里。

3. 撒上树莓和葡萄干，用薄荷叶点缀即可。

原料 调料

牛油果 2 个，土豆 1 个，樱桃 2 个，新鲜混合蔬菜适量

橙汁 2 毫升

制作过程

1. 将牛油果去皮，去核，把处理干净的牛油果放在一个容器中，用工具把果肉捣碎成泥。加入橙汁，搅拌均匀，备用。
2. 土豆去皮，洗净，切成 3 厘米大小的方丁，放入开水中煮熟，捞出，过凉，控干水，备用。
3. 把土豆丁放到捣碎的牛油果泥中，搅拌均匀，备用。
4. 混合蔬菜放置在盘中垫底，放入拌好的土豆丁，最后摆上樱桃即可。

美式水果酱
土豆沙拉

人气食单

最具人气多国籍料理

推荐指数

★★★★★

推荐理由:

水果酱土豆沙拉也是美国快餐文化中的一份子，这类食品大都比较健康，营养全面。

烤牛肉沙拉

人气食单

最具人气多国籍料理

推荐指数

★★★★

推荐理由：

口感清爽，酸辣有劲，牛肉

的嫩、韧发挥得淋漓尽致。

原料 调料

牛里脊 200 克，蜜豆 150 克，干葱 3 个，樱桃萝卜 5 个，酸黄瓜 1 根，黄甜椒丁 50 克，阿里根奴香草 3 克，熟花生米碎 30 克

黄芥末酱 8 克，橄榄油 8 毫升，红酒醋 3 毫升，盐、黑胡椒碎各适量

制作过程

1. 把牛肉洗净，切成 5 厘米的厚片，用盐和黑胡椒腌制，然后放入平底锅中煎 3 分钟，拿出来切成条，备用。

2. 蜜豆去掉两头的根蒂，用开水焯熟，备用。

3. 酸黄瓜、干葱和樱桃萝卜洗净，切成片，备用。

4. 把以上准备好的食材一同放到容器中，加入黄椒丁、阿里根奴香草，然后放入盐、黑胡椒碎、橄榄油、红酒醋和芥末酱，搅拌均匀，放入盘子中。

5. 撒上花生米碎即可。

原料 调料

烟熏鸡胸肉 1 个，西蓝花 100 克，红甜椒 50 克，玉米粒 30 克

新鲜罗勒叶 3 克，橄榄油 8 毫升，红酒醋 3 毫升，盐、黑胡椒碎各适量，巴马臣芝士粉 30 克

制作过程

1. 把西蓝花掰成小朵，用开水焯熟，过凉，备用。
2. 鸡肉切成厚片。红甜椒洗净，切成小丁，备用。
3. 把以上食材放到容器中，加入玉米粒、罗勒、盐、黑胡椒、橄榄油和红酒醋，搅拌均匀，放入盘中。最后撒上芝士粉即可。

西蓝花鸡肉沙拉

人气食单
最具人气多国籍料理
推荐指数
★★★★★

推荐理由：

　　非常适合小孩的一道健康菜，做法简单、快捷，味道很好，是宝宝最能接受的西蓝花菜，妈妈们不妨试一下。

美式海鲜沙拉

人气食单
最具人气多国籍料理
推荐指数
★★★★★

推荐理由:

清新的蔬菜香在口中萦绕，和海鲜细腻清淡的味道相互交融，圆润丰厚的口感也更加突出。

原料 调料

鲜鱿鱼1个，大虾2只，章鱼100克，鸡尾洋葱8个，青、红、黄椒块100克（总重量），紫甘蓝30克，莴苣30克

柠檬汁3毫升，橄榄油8毫升，盐、白胡椒碎各适量，美国辣椒仔、李派林辣酱油各少许

制作过程

1. 把鱿鱼、章鱼和大虾清洗干净，用开水汆熟，过凉，备用。
2. 紫甘蓝和莴苣洗净，控干水，备用。
3. 把鱿鱼、章鱼、大虾放到容器中，加入盐、胡椒粉、柠檬汁、橄榄油、辣椒仔和辣酱油，搅拌均匀。
4. 生菜和紫甘蓝放在盘子里垫底，把拌好的食材放在上边即可。

原料 调料

牛油果 1 个，普通龙虾 10 只，芝麻菜
80 克，樱桃西红柿 5 个

柠檬汁 1 毫升，蛋黄酱 30 克

①　②　③　④

制作过程

1. 把牛油果去皮，去核，洗净，切成方丁，备用。龙虾去掉外壳，只留龙虾肉，去掉龙虾后背
   上的虾线，然后用开水汆熟，过凉，备用。
2. 芝麻菜和樱桃西红柿清洗干净，芝麻菜控干水，西红柿对切一分为二。
3. 把龙虾肉和牛油果放在容器中，加入蛋黄酱和柠檬汁，搅拌均匀。
4. 芝麻菜放在盘子里垫底，把拌好的龙虾和牛油果放在上边，旁边搭配上西红柿即可。

牛油果龙虾沙拉

人气食单
最具人气多国籍料理
推荐指数
★★★★

推荐理由:

鲜香清甜，营养丰富，酒宴
上品。

主菜

加州辣煎牛排
配黄油白菌

推荐理由:

入口之后非常香嫩。

原料 调料

牛外脊1块（约200克），白菌150克，彩椒块80克

辣椒粉8克，干白葡萄酒3毫升，干红葡萄酒2毫升，大蒜末5克，盐、黑胡椒碎、黄油各适量，新鲜迷迭香1枝

制作过程

1. 把迷迭香切碎，留1节点缀用。白菌洗净，对切一分为二，备用。
2. 把牛外脊洗净，用肉槌敲打松软，加入大蒜末、辣椒粉、迷迭香、盐和胡椒碎腌制5分钟。
3. 平底锅中加入约20克的黄油，放入白菌和彩椒块，大火煸炒，把白菌中的水分炒出来。
4. 放入干白葡萄酒，炒至酒精完全挥发，用盐和黑胡椒调味，放入盘中，备用。
5. 平底锅内烧热，放入黄油和牛排，大火煎至牛排两面均上色。加入干红葡萄酒，煎至酒精完全挥发，牛排煎至成八分熟，取出来放入盘中和蔬菜混合放在一起。
6. 用迷迭香点缀即可。

原料 调料

牛里脊 200 克，罐头去皮番茄粒 400 克（带汁），熟米饭 100 克，樱桃西红柿 2 个，黄瓜片 2 片，西芹碎 15 克

大蒜碎 10 克，橄榄油、盐、黑胡椒碎各适量，黄芥末酱 8 克，干红葡萄酒 2 毫升，百里香碎 3 克

制作过程

1. 把牛肉洗净，用肉槌敲打松软，加入盐、黑胡椒碎、大蒜、黄芥末酱、红酒、百里香碎腌制 8 分钟。
2. 樱桃番茄洗净，切两半，备用。
3. 平底锅中加入橄榄油烧热，放入牛排，大火将两面均煎上色，放入番茄粒和西芹碎，番茄汁和牛排在一起混合煎煮 2 分钟后即可关火。
4. 米饭用模具装扣到盘子里，牛排放在米饭旁，浇上番茄汁，最后搭配番茄和黄瓜片即可。

番茄汁烤牛排

人气食单
最具人气多国籍料理
推荐指数
★★★★

推荐理由：

鲜嫩多汁、口感丰富的牛排搭配米饭同吃，真是既解馋又管饱。

美国红酒T骨牛排

推荐理由:

T骨牛排是牛背上的脊骨肉，

也是最嫩的肉，几乎不含肥膘。

因此很受爱吃瘦肉朋友的青睐。

原料 调料

T骨牛排1块（约350克），黄节瓜30克，绿节瓜30克，胡萝卜30克，

新鲜迷迭香1枝，红酒汁、盐、黑胡椒碎各适量，土豆泥150克（制作方法见本书p.162），黄油30克

①

②

③

④

制作过程

1. 把T骨牛排洗净，用盐和黑胡椒碎腌制3分钟，备用。

2. 胡萝卜、黄、绿节瓜洗净，切成厚片，用黄油水焯熟，备用。

3. 平底锅中加入黄油，加热至化开，放入腌制好的牛排，用中火先把带脂肪部分煎上色，再把两面均煎上色，煎5分钟即可。

4. 煎好的牛排放到盘子里，配上土豆泥和蔬菜，最后用迷迭香点缀即可。

原料 调料

带骨牛腹肉 800 克，雪梨 1 个，西芹碎、胡萝卜碎各 50 克，洋葱碎 100 克，新鲜混合蔬菜适量

白糖、盐、黑胡椒碎各适量，芥末籽 8 克，辣椒粉 30 克，干红葡萄酒 50 毫升，辣酱油 5 毫升，香叶 3 片，丁香 2 粒，清水 800 毫升

制作过程

1. 把牛肉洗净放到容器中。
2. 雪梨去皮、核，切成碎粒，放到牛肉中，其他食材的原料（除混合蔬菜外）一同加入到牛肉中，搅拌均匀，腌制 2 小时以上。
3. 把原料从腌料汁中过滤出来，留下汤汁和牛肉，剩下的原料不要，把 500 毫升的汤汁和牛肉倒回容器烤盘中，放到 180℃的烤箱中，烘烤 30 分钟。
4. 从汤汁中捞出，摆放到盘子里，浇上汤汁，配上混合蔬菜即可。

烧烤美国牛大排

人气食单
最具人气多国籍料理
推荐指数
★★★★★

推荐理由：

烧烤牛大排，是排骨的纤维断裂，肉质更软嫩。用洋葱腌制，味道更传统。

蒜香煎烤牛仔骨

推荐理由:

拥有充足的汁水,简单煎烤之后,肉中均匀分布的油脂开始化开,并在舌尖溢出香浓的汁水。

原料 调料

牛仔骨 800 克,大蒜 200 克,洋葱 50 克,西芹 50 克,胡萝卜 50 克,新鲜混合蔬菜适量,美式炸薯条 100 克

盐、黑胡椒粒各适量,啤酒 500 毫升,香叶 3 片,辣椒粉 10 克,黄芥末酱 20 克,辣酱油 20 毫升,黄油 30 克

制作过程

1. 把大蒜、洋葱、西芹、胡萝卜、啤酒混合在一起,用打碎机粉碎成蔬菜汁,倒入容器中。

2. 牛仔骨冲洗干净,放到蔬菜汁里,加入盐、黑胡椒粒、香叶、辣椒粉、黄芥末酱和酱油,混合均匀,腌制 2 小时以上。

3. 从腌料汁中把牛仔骨捞出。平底锅烧热,加入黄油和牛仔骨,用中火把两面均煎上色后放入盘子里。

4. 混合蔬菜放置在牛仔骨旁边,配上炸薯条即可。

原料　调料

牛里脊 100 克，鸡腿肉 100 克，香肠 2 根，培根 2 条，猪里脊 100 克，新鲜混合蔬菜 150 克

黑胡椒汁、李派林酱油、盐、黑胡椒碎各适量，卡真粉 3 克，柠檬汁 2 毫升，迷迭香 1 枝，黄油 20 克

制作过程

1. 牛里脊洗净，加盐、黑胡椒碎腌制 3 分钟。鸡腿肉洗净，加盐、黑胡椒碎、卡真粉、柠檬汁腌制 3 分钟。猪里脊加盐、黑胡椒碎、李派林酱油腌制 3 分钟，备用。
2. 混合蔬菜用黄油水焯熟，备用。
3. 平底锅放入黄油，待黄油化开，放入腌制好的牛里脊、鸡腿和猪里脊肉，煎成个人喜欢的成熟度，然后放入培根和香肠煎上色，备用。
4. 加入混合蔬菜，浇上黑胡椒汁。最后用迷迭香点缀即可。

美国什锦扒

人气食单
最具人气多国籍料理
推荐指数
★★★★★

推荐理由:

这是一道美国家常菜，肉质
细嫩，容易消化，营养丰富。

苹果烩猪排

人气食单
最具人气多国籍料理
推荐指数
★★★★★

推荐理由:

加了水果的排骨，味道更清甜，儿童非常喜欢。

原料 调料

猪通脊 2 片（200 克），苹果 1 个，熟松仁 10 克，新鲜混合蔬菜适量

苹果汁 400 毫升，盐、黑胡椒碎各适量，阿里根奴香草 3 克，干葱 5 个，干红葡萄酒 10 毫升，新鲜薄荷叶 1 枝，李派林酱油 3 毫升，黄油 30 克

制作过程

1. 猪通脊用肉槌敲打松软，用盐和胡椒腌制 5 分钟。
2. 苹果去皮、去核，切成小角。干葱对切两半，备用。
3. 平底锅内放入黄油，待黄油化开，放入猪排、苹果和干葱一起煎烤，苹果、猪排煎至两面均成金黄色。
4. 放入红葡萄酒，待酒精完全挥发，加入苹果汁和阿里根奴香草，小火慢煮 8 分钟。
5. 加入李派林酱油、盐和胡椒粉调味。
6. 苹果角放在盘子里垫底，把猪排放到苹果上，搭配混合蔬菜。
7. 撒上松仁，用薄荷叶点缀即可。

原料　调料

羊后腿肉 1000 克，洋葱 1000 克

松肉粉 5 克，蒜头粉 5 克，特级红辣椒粉 35 克，牛排调料 20 克，迷迭香 30 克，黑椒碎 15 克，卡真粉 25 克，辣椒粉 65 克，蒜蓉 165 克，色拉油 100 克

制作过程

1. 羊肉洗净，筋剔干净，分割成厚度 10 厘米大小的厚片。洋葱切成大块，备用。
2. 用调料腌制 2 小时以上。
3. 不粘锅内放入色拉油烧热，把羊肉放进去，四周煎上色。
4. 烤箱温度调制成上火 150℃、下火 180℃ 预热。
5. 把洋葱放在烤盘上撒少许的色拉油，把煎上色的羊肉放在洋葱上，放入预热好的烤箱中烤制 15 分钟即可。

美国烧烤羊腿肉

人气食单

最具人气多国籍料理

推荐指数

★★★★★

推荐理由：

羊腿先煎后烤，肉质鲜嫩，烤制的时间短，不会造成外焦里不熟的情况。

黑椒双鸡排
配香草土豆

人气食单
最具人气多国籍料理
推荐指数
★★★★

推荐理由:

鸡排用黑椒粉腌制，非常提

味，口感更加浓香味厚！

原料 调料

去骨鸡腿1个，土豆1个，新鲜混合蔬菜
适量

大蒜碎8克，黄油、盐、黑胡椒碎各适量，
柠檬汁1毫升，李派林酱油少许，迷迭香
碎5克

混合蔬菜可包括绿
菜花、番茄、生菜等。

制作过程

1. 将鸡腿肉洗净，用盐、黑胡椒碎、柠檬汁、
   李派林酱油、大蒜碎、2克的迷迭香腌制
   5分钟，备用。

2. 土豆洗净，切成小角，先用开水煮八成熟，
   捞出，沥干，在油锅里炸成金黄色，放入
   平底锅中，用黄油煸炒，加入盐、胡椒和
   迷迭香调味，备用。

3. 平底锅中加入黄油，待油热放入鸡腿，先
   煎带皮的一面，用中火慢煎至一面上色，
   再煎另一面，约需5分钟。

4. 香草土豆和煎好的鸡排混合放在盘子里，
   最后搭配一些混合蔬菜即可。

原料 调料

鸡胸肉1个,卡夫芝士片2片,柠檬角3个,鸡蛋液、面粉各30克,面包糠60克

色拉油1000毫升,盐、黑胡椒粉各适量,李派林酱油8克,柠檬汁、鸡精各5克

制作过程

1. 把鸡胸肉清洗干净,用刀从中间切开,但不要切断,加入所有调料腌制8分钟。
2. 把芝士片放入鸡胸片夹层里,切口处密封。
3. 蘸一层面粉,再沾鸡蛋液,最后滚上面包糠,用手压实。
4. 炸锅中的油温控制在八成热,放入鸡胸,用小火慢炸至表皮呈金黄色。
5. 装盘,配上柠檬角即可。

黑椒炸奶酪鸡排

人气食单
最具人气多国籍料理
推荐指数
★★★★

推荐理由:

炸奶酪鸡排,是忙碌生活中最方便最快捷的选择。此外,也是最适合无骨无皮的鸡胸肉的做法。

柠檬香草煎鸡腿

人气食单
最具人气多国籍料理
推荐指数
★ ★ ★ ★ ★

推荐理由:

不喜欢鸡肉的腥味,可以使用香草和柠檬汁,都有非常好的清新去腥的效果。成菜口感非常鲜嫩清爽。

原料 调料

琵琶鸡腿1只,新鲜混合蔬菜适量,柠檬角3个,土豆1个

大蒜碎、酸奶油各8克,盐、黑胡椒碎各适量,迷迭香3克,辣椒粉5克,柠檬汁少许,李派林酱油8毫升,黄油15克

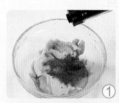

制作过程

1. 把鸡腿去骨洗净,控干水,加盐、黑胡椒碎、大蒜碎、迷迭香、辣椒粉、柠檬汁和李派林酱油腌制30分钟。(图1)

2. 土豆洗净,撒上盐、黑胡椒碎、迷迭香和少许的黄油。用锡纸包好,放进180℃的烤箱内,烤约45分钟,取出来用刀在土豆上切上十字花刀,配上酸奶油,备用。

3. 锅内放入黄油,用小火把鸡腿肉煎上色并煎熟,备用。(图2)

4. 盘中放上混合蔬菜,把鸡腿放在中间,土豆配在边上组合起来,最后配上柠檬角即可。(图3)

煎烤带骨鸡胸配芥末薰衣草汁

原料 调料

带骨鸡胸肉 1 个，蜜豆 150 克

黄芥末酱 20 克，阿里根奴香草、薰衣草、盐、黑胡椒碎各适量，辣酱油 3 毫升，辣椒粉 3 克，洋葱碎 10 克，干白葡萄酒 3 毫升，大蒜碎 10 克，孜然粉 5 克，橄榄油 1 毫升，黄油 30 克

制作过程

1. 把鸡胸洗净，放到容器中。加入盐、胡椒碎、黄芥末、大蒜、辣酱油、辣椒粉、孜然粉和橄榄油混合均匀，腌制 10 分钟。
2. 蜜豆择去两头的根筋，洗净。薰衣草 1 根洗净，切成碎，备用。
3. 深底锅中加入清水，加入 10 克黄油，盐少许，待水开，放入蜜豆，煮 2 分钟捞出，备用。
4. 平底锅中加入黄油，待油化开，放入鸡胸肉，小火慢煎两面上色，放在烤盘中，在 180℃的烤箱中烤 5 分钟。
5. 用煎鸡胸的平底锅，用余油炒洋葱，炒香。加入葡萄酒和芥末酱，加入盐和薰衣草碎，慢煮 2 分钟，制成调味汁，备用。
6. 烤好的鸡胸放在盘子里，配上蜜豆，浇上薰衣草芥末汁，阿里根奴香草点缀即可。

人气食单

最具人气多国籍料理

推荐指数

★★★★★

推荐理由：

煎烤带骨鸡胸肉质滑嫩，配上芥末薰衣草汁，不油腻而且很香。

推荐理由:

烤鸡胸脯配菠萝蘑菇汁，酸甜可口，浓郁的蘑菇香，使减肥人士都爱不释手。

人气食单

最具人气多国籍料理

推荐指数

★★★★

爱达荷式焗烤鸡胸配菠萝蘑菇汁

原料 调料

鸡胸 1 个，培根 2 条，红椒丝 20 克，青椒丝 20 克，洋葱丝 30 克，香菇丝 20 克，新鲜混合蔬菜适量

大蒜粉 5 克，阿里根奴香草 3 克，马苏里拉芝士碎 30 克，黄油 30 克，辣椒粉 8 克，盐、黑胡椒碎各适量，柠檬汁 2 毫升

制作过程

1. 鸡胸洗净，从中间切开，但不要切断，要有连接处，控干水，用盐、黑胡椒碎、柠檬汁、辣椒粉、大蒜粉腌制。

2. 平底锅中加入黄油，待油化开，放入洋葱丝炒香，放入青椒丝、红椒丝和香菇丝，大火煸炒，把蔬菜的水炒出来后加入阿里根奴香草、盐和黑胡椒碎，炒好后盛出，静置 2 分钟放凉，把炒好的菜丝塞到鸡胸里。

3. 平底锅中加入黄油，待油化开，放入鸡胸与培根，一起煎至鸡胸和培根两侧均成金黄色，取出培根备用，鸡胸放到烤盘中，撒上芝士碎和阿里根奴，放到预热至 180℃的烤箱中，烘烤 5 分钟即熟。

4. 把煎好的培根与鸡胸放到盘子里，配上混合蔬菜，浇上菠萝蘑菇汁即可。

① ② ③ ④

菠萝蘑菇汁制作方法

材料

香菇丝 80 克，菠萝丁 30 克，烧汁 100 毫升，干红葡萄酒 10 毫升，盐、白胡椒碎各适量，洋葱碎 20 克，黄油 20 克

制作过程

1. 锅内加入黄油加热至化开，放入洋葱，大火炒香，加入香菇丝，煸炒 2 分钟，加入红酒，炒至酒精完全挥发。

2. 加入烧汁和菠萝丁，大火烧开，改小火慢煮 8 分钟，撇去浮沫，加盐和胡椒碎调味。

原料 调料

火鸡腿 2 只，苹果 2 个，洋葱 30 克，西芹 80 克

番茄酱 80 克，鸡高汤 500 毫升，盐、黑胡椒碎各适量，柠檬汁 3 毫升，百里香碎 30 克，香叶 2 片，黄油 40 克

制作过程

1. 把鸡腿清洗干净，剁成大块，放到容器中。加入盐、黑胡椒碎、百里香碎和柠檬汁腌制 10 分钟。
2. 苹果去皮、去核，洗净，切成薄片，留几片作为点缀，剩下的用打碎机粉碎成汁，备用。
3. 洋葱和西芹洗净，均切成小丁。
4. 平底锅中放入适量的黄油，待黄油化开，放入鸡腿肉，中火把鸡腿煎上色离火备用。
5. 另取一个深底锅，同样在锅内加入黄油，煸炒洋葱出香味，放入西芹和番茄酱，煸炒 3 分钟。
6. 加入煎好的鸡块和香叶，混合煸炒 1 分钟。
7. 加入鸡高汤和苹果汁，大火煮开，撇去浮沫，改为小火慢煮 30 分钟。
8. 加入盐和胡椒调味，搅拌均匀，装入深底盘中，最后摆放上苹果片即可。

苹果烩火鸡腿

人气食单
最具人气多国籍料理
推荐指数
★★★★★

推荐理由：

"一日一个苹果，医生远离我"是人们熟知的健康口号。再加烩制鸡腿营养更全面。

奶香焗烤小土豆

人气食单
最具人气多国籍料理
推荐指数
★★★★

推荐理由:

此菜奶香浓郁、口感绵软、
老少皆宜。

原料 调料

小土豆 500 克，洋葱丝 80 克，培根丝 80 克，迷迭香 1 枝

盐、白胡椒粉各适量，鸡精 10 克，黄油 15 克，牛奶 100 毫升，淡奶油 50 毫升，豆蔻粉少量

制作过程

1. 把土豆去皮，洗净，放到不锈钢深底盘中，加入牛奶和奶油，备用。
2. 平底锅中放入黄油，待黄油化开，放入洋葱和培根，煸炒出香味，倒入土豆中。
3. 加入迷迭香、盐、胡椒粉、鸡精、豆蔻粉，搅拌均匀，用锡纸密封严实。
4. 放到预热至 180℃的烤箱中，焗烤 35 分钟即可。

原料 调料

土豆 1 个，洋葱 80 克

新鲜迷迭香 1 枝，盐、
黑胡椒碎各适量，鸡精
少许，色拉油 500 毫升，
黄油 15 克

制作过程

1. 土豆削皮，洗净，切成 5 厘米大小的方丁。洋葱切丝。迷迭香切碎，备用。
2. 深底锅中加入 500 毫升色拉油，加热至油六成热，放入土豆丁，中火慢炸，把土豆丁炸成金黄色捞出，沥干油，备用。
3. 平底锅置火上，放入黄油，待黄油化开，放入洋葱丝，大火把洋葱丝炒香，放入土豆丁和迷迭香，翻炒几下，加入盐、胡椒粉和鸡精调味。
4. 翻炒均匀即可。

 制作要点

1. 切好的土豆丁用清水泡上，这样土豆不容易变色。
2. 在土豆丁下油锅之前，一定把水沥干，避免热油溅出。

香草炒土豆

人气食单
最具人气多国籍料理
推荐指数
★★★★★

推荐理由：

刚做出的土豆比较香酥，有土豆独特的味道，还有洋葱的香，所有的香都混在一起，非常有感觉。

原料 调料

玉米粒 150 克，培根 2 条

洋葱碎 15 克，迷迭香 3 克，黄油 15 克，干白葡萄酒少许，盐、白胡椒粉各适量

制作过程

1. 把培根切成 2 厘米宽的条，备用。
2. 平底锅中放入黄油，加热至黄油化开，放入洋葱碎煸炒出香味。
3. 放入培根条，大火将培根中的油炒出来，然后放入玉米粒和迷迭香，翻炒数下后加入干白葡萄酒。
4. 待酒精完全挥发，放入盐和胡椒粉调味即可。

制作要点　　玉米粒使用新鲜的或罐头装的均可。若使用新鲜玉米粒，则需要提前用开水焯 2 分钟，然后再使用；罐装玉米粒可以直接使用。

培根炒玉米粒

人气食单
最具人气多国籍料理
推荐指数
★★★★★

推荐理由：

玉米粒的做法很多，根据口味可分为甜口和咸口，在这里介绍的是咸口，味道清香，营养丰富。

清煮鳕鱼配白酒芥末汁

人气食单
最具人气多国籍料理
推荐指数
★★★★★

推荐理由:

鳕鱼味道鲜美，加点白酒芥末汁去除腥味，是很好吃的一道营养美味家常菜。

原料 调料

鳕鱼 200 克，芦笋 100 克，紫薯泥 150 克，混合蔬菜适量，调味混合蔬菜 150 克（洋葱、西芹、胡萝卜等均可）

香叶 2 片，柠檬 3 片，干白葡萄酒 10 毫升，黄芥末籽酱 30 克，白胡椒粒、盐、白胡椒粉各适量，新鲜莳萝草 1 枝，清水 500 毫升

制作过程

1. 芦笋切成 8 厘米的长段，用开水焯熟，备用。

2. 莳萝草一半切成碎末，一半预留作点缀用。

3. 500 毫升的水放入深底锅中，加入调味蔬菜、香叶、柠檬（2 片）、盐、白胡椒粒大火烧开，把鳕鱼放进去，慢煮 5 分钟，捞出，备用。

4. 黄芥末籽酱、葡萄酒和莳萝碎混合在一起，放到平底锅中加热，用盐和白胡椒粉制成调味汁，备用。

5. 紫薯泥放在盘子中垫底，放上芦笋、鳕鱼、柠檬片，摆放整齐美观。

6. 浇上准备好的调味汁，用莳萝和新鲜混合蔬菜点缀即可。

原料 调料

三文鱼 200 克，美国大杏仁 80 克，芦笋 50 克，胡萝卜 30 克

洋葱碎、大蒜碎各 20 克，淡奶油 50 毫升，鱼高汤 150 毫升，盐、白胡椒粉、甜辣椒粉各适量，干白葡萄酒 20 毫升，黄油 30 克，莳萝草 1 枝

制作过程

1. 把三文鱼清洗净，切成 5 厘米大小的块。（图 1）
2. 芦笋只留嫩的部分。胡萝卜去皮，洗净，切成长条，备用。（图 2）
3. 深底锅中加入黄油，加热至化开，放入鱼块，中火煎至鱼块焦黄，捞出。
4. 在锅中放入大蒜和洋葱碎，煸炒出香味，放入胡萝卜略炒，再接着放入煎好的三文鱼，小心翻动，不要把三文鱼翻动破碎，30 秒后放入干白葡萄酒，炒至酒精完全挥发，加入鱼高汤，放入辣椒粉。（图 3）
5. 开锅以后，放入芦笋，改为小火慢煮 3 分钟。加入淡奶油、盐和胡椒粉调味，轻轻翻动，以免煳底，略煮 1 分钟即熟。（图 4）
6. 装入汤盘中，撒上杏仁，最后用莳萝点缀即可。

奶油白酒烩杏仁三文鱼

人气食单
最具人气多国籍料理
推荐指数
★★★★★

推荐理由：

营养丰富，三文鱼鲜嫩，杏仁清香酥脆。

美式煮比目鱼

人气食单
最具人气多国籍料理
推荐指数
★★★★

推荐理由：

煮鱼的时候放点柠檬，让整条的肉香与柠檬香完美融合，让人大饱口福。

原料 调料

比目鱼 1 条，洋葱 80 克，西芹 50 克，黄节瓜 80 克，小土豆 2 个，柠檬 1 个

香菜 30 克，干白葡萄酒 15 毫升，盐、白胡椒粒各适量，香叶 2 片，黄油 20 克，鱼高汤（制作方法见本书 p.18）300 毫升

制作过程

1. 把比目鱼处理干净，洗净，备用。
2. 洋葱去皮，洗净，切成方丁。西芹切成段。黄节瓜洗净，切成厚片，备用。
3. 柠檬切角。小土豆洗净，切成小丁。香菜洗净，切成碎末，备用。
4. 深底锅中加入黄油，加热至黄油化开，放入洋葱炒出香味。
5. 放入西芹、柠檬、香叶和白胡椒粒煸炒 1 分钟。
6. 放入鱼高汤、干白葡萄酒和比目鱼，大火烧开，撇去浮沫，改为小火，慢煮 3 分钟。
7. 待鱼肉有八分熟时加入黄节瓜和土豆丁，继续煮 2 分钟，用盐调味。
8. 装入深底盘中，撒上香菜碎即可。

原料 调料

大虾 6 只

橙汁 15 毫升，盐、白胡椒粉各适量，柠檬汁少许，脆炸专用粉 200 克，色拉油 500 毫升，柠檬 1 个

制作过程

1. 把大虾去头，从虾背切开，洗净，放入容器中，加入橙汁 8 毫升，放入盐、胡椒粉和柠檬汁腌制 5 分钟，备用。
2. 柠檬切角，炸粉用 9 毫升的橙汁调制成面糊状，备用。
3. 色拉油放入炸锅中，烧至八成热，腌好的大虾蘸满面糊下入油锅中，炸成金黄色即可捞出。
4. 捞出，沥干油，放入盘中，配上柠檬角即可。

制作要点

脆炸专用粉可以用面粉和苏打粉混合以后的自制炸粉代替。

果味炸大虾

人气食单
最具人气多国籍料理
推荐指数
★★★★★

推荐理由:

这款菜品有点小资情调，大虾用橙汁面糊裹上，味道酸甜，口感清脆。

煎鸡排三明治

人气食单

最具人气多国籍料理

推荐指数

★ ★ ★ ★ ★

推荐理由:

鸡排经过腌制,去腥味。煎熟酥软可口,浇上番茄沙司酸酸甜甜,让人回味无穷。

原料 调料

去骨鸡腿1个,农夫玉米长面包1个,生菜2片,番茄2片,洋葱圈3个

柠檬汁少许,大蒜碎2克,黄油20克,盐、黑胡椒碎、番茄沙司各适量

制作过程

1. 把鸡腿洗净放入容器中,放入盐、黑胡椒碎、柠檬汁、大蒜粉腌制5分钟,放入平底锅中用黄油煎熟,备用。

2. 面包从中间切开,放上生菜、番茄、鸡腿,最后放洋葱圈,浇上沙司即可。

原料 调料

长燕麦面包 1 个，排酸牛柳肉 150 克，
生菜 10 克，番茄 50 克，酸黄瓜 30 克

黄油、蛋黄酱各适量，盐 5 克，黑胡椒
粉 8 克，鸡精少许，红酒 30 克，洋葱
20 克

烤牛肉制作过程

1. 牛肉用肉槌敲打松软，用盐、黑胡椒粉、
   鸡精、红酒腌制 8 分钟。
2. 不粘锅内放入黄油，待油烧热，放入牛肉，
   用大火煎 2 分钟。
3. 煎好的牛肉，备用。

三明治制作过程

1. 生菜洗净。番茄、酸黄瓜洗净，切成薄片。洋葱切成圆圈，备用。
2. 燕麦面包从中间切成 20 厘米长的段，均匀地抹上黄油，用不粘锅煎上色，备用。
3. 在其中一片面包两面抹上一层蛋黄酱。
4. 在另外一片面包上放生菜、番茄片和酸黄瓜。
5. 将煎好的牛排放上去，最后放上洋葱圈即可。

牛排三明治

人气食单
最具人气多国籍料理
推荐指数
★★★★★

推荐理由:

牛排三明治肉质嫩，很受爱
吃瘦肉朋友的青睐。

煎土豆番茄三明治

人气食单

最具人气多国籍料理

推荐指数

★★★★★

推荐理由:

素食主义者们的最爱，营养丰富制作简单。

原料 调料

法式长面包半根，土豆、番茄各1个

黄油20克，盐、黑胡椒碎各适量，迷迭香碎3克，黑醋少许

制作过程

1. 把土豆去皮，切成厚片。面包切开，涂抹上黄油，备用。
2. 平底锅加热后先放入面包，将面包煎烤上色拿出，备用。用同一个锅，放入适量的黄油煎土豆用小火煎上色并且煎熟。
3. 将煎熟的土豆放入容器中，加入盐、黑胡椒碎、迷迭香碎和黑醋，搅拌均匀，同番茄一起放入面包上。
4. 摆放整齐即可。

原料 调料

汉堡面包1个，生菜1片，番茄、酸黄瓜各2片，洋葱圈2个，牛肉馅150克，洋葱碎、西芹碎各10克，百里香碎3克

盐、黑胡椒碎各适量，黄芥末8克，牛奶5毫升，黄油20克

制作过程

1. 把牛肉馅、洋葱碎、西芹碎、百里香碎、盐、黑胡椒碎、黄芥末、牛奶放入一个容器中，混合在一起搅拌均匀，拍成圆饼状，备用。
2. 面包从中间切开，涂抹上适量的黄油，放在平底锅中煎上色，备用。
3. 将牛肉饼放在平底锅里，放入黄油，用小火煎熟并且煎上色，备用。
4. 平底的圆面包放上生菜、番茄、酸黄瓜、牛肉饼和洋葱圈，摆放整齐。
5. 把另外一片面包盖在上边即可。

传统牛肉汉堡包

人气食单

最具人气多国籍料理

推荐指数

★ ★ ★ ★ ★

推荐理由：

　　牛肉汉堡加些洋葱粒，吃起来很爽口，里面的洋葱断生后，味道不再辛辣，口感较脆，香喷喷的好吃极了。

黑椒猪扒汉堡包

人气食单
最具人气多国籍料理
推荐指数
★★★★

推荐理由：

黑椒猪扒嫩而多汁，做出的汉堡更是美味可口。

原料 调料

全麦圆面包 1 个，猪肉馅 150 克，生菜 2 片，黄椒圈 2 个，红椒圈 2 个

盐、黑胡椒碎各适量，洋葱碎 10 克，李派林酱油 2 毫升，百里香碎 2 克，香菜碎 10 克，桂皮粉 1 克，柠檬汁 2 毫升，牛奶 10 毫升，黄油 10 克

制作过程

1. 将猪肉馅放在容器里，加入盐、黑胡椒碎、洋葱碎、李派林酱油、百里香、桂皮粉、香菜碎、柠檬汁和牛奶，搅拌均匀并打上劲，做成圆形饼状，备用。
2. 平底锅内放入黄油，待黄油化开，把猪肉饼放进去，用小火慢煎，将两侧均煎上色并且煎熟。
3. 面包上放生菜、猪肉饼、黄红椒圈即可。

美式传统热狗

原料 调料

热狗面包 1 个，猪肉热狗香肠 1 根，生菜丝 20 克，番茄 2 片，酸黄瓜丝 10 克

番茄沙司适量，黄油 10 克

制作过程

1. 将热狗肠放入平底锅中，加入黄油煎上色。
2. 面包切开，放上生菜、番茄、酸黄瓜和香肠。
3. 浇上番茄沙司即可。

人气食单
最具人气多国籍料理
推荐指数
★★★★★

推荐理由：

香肠清脆爽口，非常美味，比一般的午餐肉要筋道。

黑椒炸鸡翅

推荐理由:

皮酥肉嫩，连骨的地方都没有血腥味。腌制时间又不需要太长，方便好吃。

原料 调料

鸡翅中 6 个，黑胡椒碎 10 克，洋葱丝 30 克

盐、白糖各适量，五香粉 2 克，大蒜粉 5 克，蚝油 8 克，色拉油 500 毫升

①

②

制作过程

1. 把所有原料和调料（除色拉油）放在容器中，混合均匀，腌制 30 分钟。

2. 色拉油倒入锅中，六成热时放入腌好的鸡翅，用小火慢炸 3 分钟，炸成金黄色即可。

原料　调料

牛柳 200 克，菠菜叶 80 克，松子 50 克

盐、黑胡椒碎各适量，黄芥末 10 克，黄油 10 克

制作过程

1. 把牛柳洗净，切成 8 厘米长，3 厘米厚的片。用盐、黑胡椒碎、黄芥末腌制 3 分钟，备用。
2. 菠菜叶洗净，松子放入平底锅中炒熟，备用。
3. 把菠菜叶均匀地铺在牛肉上，撒上松子，将牛肉卷起来，卷结实用牙签串起来。
4. 平底锅中放入黄油，待黄油化开，放入牛肉卷，用大火煎上色即可。

迷你牛肉卷

推荐理由：

　　牛肉鲜美，经过煎制后又有点脆的口感，既适合做开胃的前菜，做主菜也不会失身份。

人气食单

最具人气多国籍料理

推荐指数

★★★★★

美式土豆泥

人气食单
最具人气多国籍料理
推荐指数
★★★★

推荐理由：

　　土豆泥是美国餐桌上必不可少的配菜，添加的调料不仅没有掩盖土豆的原香，还激发出了更浓郁的香气。

原料 调料

黄皮土豆 500 克，牛奶 100 克

黄油 30 克，肉桂粉 2 克，清水、盐、白胡椒粉各适量

制作过程

1. 土豆洗净，去皮，切成方丁，备用。（图 1）

2. 锅内放入冷水，土豆丁下锅煮熟，约 25 分钟。（图 2）

3. 煮熟后调为小火，放入黄油、牛奶、肉桂粉、清水、盐和白胡椒粉。

4. 用打蛋器不停地搅拌均匀，至黄油完全化开即可。（图 3）

原料 调料

香蕉2根，鸡蛋2个，面粉10克

面包糠50克，色拉油500毫升，新鲜
薄荷叶1枝

制作过程

1. 将香蕉去皮，切成5厘米大小的段。
2. 鸡蛋打成蛋液，备用。
3. 香蕉段上蘸满一层面粉，再沾满鸡蛋液，
   接着蘸满面包糠。
4. 色拉油放入锅中，八成热时放入做成半成
   品的香蕉段，用大火炸成金黄色即可。
5. 装入盘中，最后薄荷叶点缀即可。

美式炸香蕉

人气食单
最具人气多国籍料理
推荐指数
★★★★★

推荐理由：

炸香蕉的味道非常好，外面
酥脆，里面香甜软糯，是一种老
少皆宜的食品。

烩水果

推荐理由:

烩水果,各种水果放在一起制作而成的美食,色彩多样,营养美味。

原料 调料

香蕉1根,橙子1个,黄桃2个,苹果1个,牛油果1个,雪梨1个,猕猴桃1个

新鲜薄荷叶1枝,牛奶50毫升,橙汁30毫升

制作过程

1. 苹果、雪梨和牛油果去皮,去核,洗净,切成大块。

2. 橙子、猕猴桃去皮,洗净,切成大块。黄桃、香蕉切大块,备用。

3. 锅内加入牛奶和橙汁,接着把以上准备好的原料一起放入锅中,大火烧开,改为小火,慢煮5分钟即可。

4. 装入沙拉碗中,最后放上薄荷叶即可。

第五篇

风情万种
南洋料理

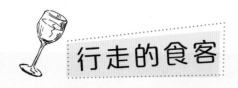

不能不爱的越南美食

跟其他东南亚国家不同，你几乎想不出越南的国菜是什么，也可能正是因为这里的美食种类实在太多了。传遍世界的是越南米粉，在香港打着越南招牌的，也只有米粉店而已。然而对于中国人来讲，中式米粉的做法自己都数不清楚，越南米粉简直不值一提。越南人跟中国南部人民一样，也喜欢一早醒来就来上一碗米粉，有汤粉，有捞粉。汤粉如果加油条段，就很接近福建的面线糊。捞粉也许广东人更热爱，是类似干拌捞面和海南腌粉的做法，口味更加浓郁，老板也会附送一小碗撒着小葱的汤，吃这些时桌上同样配了酱油、鱼露、辣椒酱，当然没有醋，酸味靠柠檬嘛……

越南菜第二大招牌就是越南春卷了，越南的春卷与中式春卷大大不同，是将蔬菜、香草、粉丝、海鲜卷到一层半透明的米粉皮里，或者直接吃，或者炸过，蘸着由鱼露、柠檬汁、辣椒等调配成的酸甜辣汁，真是又美味又方便又营养又饱腹，而且这种春卷还会根据不同的内容取不同的名字，总有一款让你心动。如果参加湄公河一日游或者类似的游览，就能看到河岸农村到处摆晒着米粉皮，游览中也能看到米粉皮制作的过程，可见其在越南饮食中的重要地位。

越南的摊头小吃品种非常丰富，而且不同的城市会有自己特有的小吃。到达越南第一个城市河内时，在街边看到有小摊卖一种中文叫作"枯牛肉"的小吃，大概是一个小盘子里，先铺上一种干萝卜丝，混合一些新鲜香料，再铺上一些当地做法的牛肉干，吃的时候倒些调料上去，酸酸甜甜，有肉有菜，很多当地人在吃。我因为实在太饱，就打算下个城市再吃，谁知道此后就再没见过，实在可惜。

到达顺化，刚好有从南宁到河内大巴上认识的当地大学生，带我们到专门卖当地小吃的店去品尝。好几种叫不出名字的小吃，被芭蕉叶包成不同形状，主要是鱼、虾等海鲜混合了米粉、海藻胶、猪皮、猪肉一类的东西，倒是鲜美可口，剥开来要蘸这个汁那个汁的，脑子不好也成问题，只是吃了半天都不饱，而店里没别的卖。

会安像中国的丽江，小吃也是随处可见，都是挑着担子推着车，在街巷里打游击战的。有小串的蜜汁烤肉，卷到米粉皮里吃，香气飘得又远又馋人；有不知道名字的油炸食品，里面铺上蔬菜和肉丸香肠，撒上酸甜辣汁吃；有事先做好的鸡蛋、椰子等布丁，吃的时候在盘子里倒上浓郁的越南咖啡，再撒上冰屑，又凉又甜又香，站在街边吃得好开心……就算是装潢得极具西餐厅风格的酒吧里，也卖的是地道的越南菜。傍晚之后最热闹的是河边的露天大排档，一字排开的长长店铺使用着统一的菜单，一边手起刀落热锅快炒得不亦乐乎，这边客人们坐在木头大桌前大吃大喝觥筹交错——油炸云吞上铺满了海鲜蔬菜粒，淋上红红的酱汁，绝对超出你对云吞的想象。

芽庄和美奈都是典型的海滨城市，在芽庄市区里面的路边摊，可以找到当地捕捞的各种贝壳类海鲜，放在香茅汁调配的沸水里焯几下就出锅，配上老板秘制的辣酱汁和免费送的新鲜蔬菜，可以喝下好多西贡啤酒，而价格不过合人民币3元一盘。当地人对着两盘海鲜一盘蔬菜吃上半天的功夫，我们几个都吃了十几盘了，真没见过世面啊……还有那些只在夜晚出动的卖海鲜的婆婆，可以从小背篓里掏出几只硕大的活龙虾，问你要不要烧烤，合人民币也只有不到50元。

而号称小上海的西贡啊，夜市上环绕一圈的美食街，灯火通明、人声鼎沸、炊烟缭绕。客人只分两种，本地人和外国人，大家都操着各种口音的英语抢桌子点菜，如果不是眼明手快，你都抢不到东西吃，哪怕你是风度翩翩的法国人此时也不灵了。那些虾是怎么被放在椰子壳里，加上白兰地点燃后烤熟的？那些蜗牛是怎么就在一大锅爆脆的蒜末里被焗得汁水横流的？那看起来白白嫩嫩只有肉没有骨的粉色大鱼，是怎么被烤得皮焦肉嫩味道足的？只恨我就没有那么大的肚子，能把想吃的东西都吃遍。西贡，我还想去的地方……

还去吃了越式火锅，汤汁不辣，鲜甜而混合了香茅的味道，一般分成蔬菜、肉类和海鲜几种，也可以混合着来。大叻夜市上的火锅连盘子都没有，火锅内圈设计成一圈平盘，各种涮菜都已摆好，要吃什么只要拿筷子轻轻一拨就入水，真是很方便的创意。

东南亚地区随处可见临街出售的水果SHAKE（混合饮料），就是将水果切块放入搅拌机，再加入炼乳、椰奶、砂糖、冰块等，打成黏稠的水果沙冰。在尼泊尔时就已经将各种水果喝了个遍，尤其石榴汁念念不忘。越南的北部可能因为气温依然比较低的缘故，竟然一路没有遇见。直到来到会安，才在夜晚的一个黑暗拐角，看到了熟悉的搅拌机，奔过去一问，竟然只要1万VND（VND：越南盾）一杯，实在便宜。而在西贡的夜市，竟然奢侈到有山竹SHAKE卖，啊，一年都吃不上一回的水果皇后啊，在这里可以打成浆喝……

（文／凡影）

凉菜

越南牙车筷

人气食单
最具人气多国籍料理
推荐指数
★★★★

推荐理由:

里面有蔬菜、鸡肉等，酸辣的口感，蛮开胃的，凉凉的，适合夏季食用。

原料 调料

鸡腿肉 220 克，胡萝卜 20 克，紫甘蓝 15 克，洋葱 10 克

九层塔 3 克，香菜 10 克，泰国小辣椒 4 个，青柠檬汁 5 毫升，鱼露 15 毫升，辣酱 8 毫升，香油 3 毫升，鸡精适量

① ② ③ ④

制作过程

1. 鸡腿洗净，用水煮熟，过凉后手撕成条，备用。

2. 洋葱、紫甘蓝、胡萝卜洗净，切丝。香菜洗净，切段。小辣椒洗净，切圈。九层塔洗净。

3. 把准备好的原料混合放在一起用调料调味装入盘中。

4. 用九层塔点缀即可。

制作要点

煮鸡腿建议从热锅中捞出来后立即放入冰水中，这样鸡肉的口感更筋道。

原料　调料

新鲜生蚝 4 只，新鲜混合蔬菜适量

青柠檬 1 个，泰国小辣椒 4 个，香菜、香葱共 10 克，鱼露、甜酱油（自制做法见本书 p.172）、白芝麻各少许，香油、白醋各适量

制作过程

1. 把生蚝用清水冲洗干净，混合蔬菜洗净，备用。
2. 泰国小辣椒、香菜、香葱洗净，切碎末，放入容器中，放入柠檬汁、鱼露等其他调料，调制成蘸料汁。
3. 把准备好的蘸料汁浇在生蚝上，用柠檬片点缀即可。

人气食单

最具人气多国籍料理

推荐指数

★★★★★

推荐理由：

酸溜溜、火辣辣的泰式生蚝
很新鲜，很多调味品混合在一起，
这也造就它独特的异国风情。

马来西亚
蔬菜沙拉

人气食单
最具人气多国籍料理
推荐指数
★ ★ ★ ★ ★

推荐理由：

蔬菜沙拉制作简单，营养丰富。让你吃着美味的食物，也能轻松瘦出窈窕曲线。

原料 调料

生菜80克，芥兰30克，香菜20克，洋葱10克，黄椒10克，樱桃番茄2个，泰国小辣椒2个，熟花生米5克，葡萄干5克，马蹄15克

鱼露15毫升，ABC酱油适量，白糖3克，鸡精少许，米醋8毫升

制作过程

1. 生菜、芥兰洗净。
2. 香菜、洋葱、黄椒、番茄、辣椒洗净，香菜切段，洋葱和黄椒切丝，辣椒切圈。
3. 把准备好的原料用调料调味。
4. 装入盘中，最后撒上花生米、葡萄干和马蹄即可。

制作要点　　马蹄可以用新鲜的，也可以用罐头装的。

原料 调料

莲藕 1 节，蜜枣 50 克

鱼露 15 毫升，白醋 30 毫升，白糖 15 克，
八角、桂皮、香叶各少许，枸杞 3 克，香
茅 30 克，南姜 30 克，青柠檬 1 个，清水
2000 毫升，泰国小辣椒 50 克，香菜适量

制作要点　　不习惯鱼露味道的朋
友可以不放，改用盐。

制作过程

1. 把莲藕去皮，洗净，切成 3 厘米厚的片，
   用水焯熟，过凉，备用。
2. 香茅洗净，切段。南姜、青柠檬洗净，切片。
   辣椒洗净。
3. 把清水倒入锅中用大火烧开，把香茅、辣
   椒、南姜鱼露、白醋、白糖、八角、桂皮、
   香叶、青柠檬放入锅中，关火，把蜜枣和
   枸杞放进去。
4. 把焯好的藕片倒入调好的汁中，泡 3 个小
   时以上。
5. 用香菜点缀即可。

泰式蜜枣莲藕

人气食单
最具人气多国籍料理
推荐指数
★ ★ ★ ★ ★

推荐理由:

传统菜式中一道独具特色
的泰式甜品，以酸甜、清脆、
调料汁气浓郁的特色而享有极
高的口碑。

泰式牛肉沙拉

人气食单
最具人气多国籍料理
推荐指数
★★★★

推荐理由:

口感清爽，酸辣有劲，牛肉的嫩、韧发挥得淋漓尽致。唇齿之间还萦绕着香菜的阵阵香气。

原料 调料

牛里脊肉200克，紫皮洋葱30克，青椒20克，酸黄瓜10克

香菜20克，香葱10克，泰国小辣椒、白芝麻各少许，大蒜2瓣，生姜10克，鱼露15毫升，柠檬汁8毫升，甜酱油8毫升，香油、鸡精各适量

自制甜酱油

老抽100毫升，干香菇5个，鸡架1个，洋葱100克，姜80克，香叶2片，丁香5粒，冰糖200克，清水3000毫升。以上所有材料一起放入锅中，小火熬制100分钟，有一定黏稠度后用细笋过滤即可。

制作过程

1. 把牛肉去筋，洗净，放入烤箱烤成八分熟，切丝，备用。
2. 洋葱、青椒、酸黄瓜洗净，切成丝。香菜洗净，切成段。泰国小辣椒洗净，切成圈，备用。
3. 大蒜和生姜洗净，切成碎末。
4. 把准备好的原料放入容器中用鱼露、柠檬汁、甜酱油、香油和鸡精调味，最后撒上的芝麻即可。

制作要点

牛肉也可以用煮的，但建议八分熟为好。

泰式怪味鸡

原料 调料

三黄鸡 1 只,熟花生米碎 10 克

清水 2000 毫升,椰奶 200 毫升,咖喱粉 20 克,柠檬汁 50 毫升,鱼露 30 毫升,橙汁 80 毫升,大蒜 5 瓣,红糖 20 克,香菜 15 克,泰国小辣椒 15 克,薄荷 3 克,盐适量,泰国辣鸡酱 50 克,醋 20 毫升

制作过程

1. 把三黄鸡去头,去爪,内脏清洗干净,煮熟过凉,一分为二,备用。
2. 把调料(除香菜外)混合在一起,放入锅中用大火烧开,慢煮 2 分钟关火,待汤汁晾凉,把鸡放入汁中,浸泡 8 小时以上。
3. 去半只鸡切成 3 厘米厚的长条,均匀地摆放到盘子中,浇上些泡鸡原汁。
4. 放上花生米,用香菜点缀即可。

制作要点 　煮三黄鸡的方法:待水开时放入洗净处理好的整鸡,盖上锅盖,小火慢煮 8 分钟,关火闷 4 分钟,取出后立即放入冰水中即可。

推荐理由:

出锅后马上用冷水冲凉并浸泡,能够使鸡肉保持嫩度,鸡皮脆而不干,吃起来嫩而不腻,保持爽口度。

人气食单
最具人气多国籍料理
推荐指数
★★★★★

黑白沙拉

推荐理由：

黑色的木耳配着白色的
银耳，视觉非常漂亮，蒜切
成碎末调成汁，香味浓郁。

原料 调料

木耳 20 克，银耳 20 克，黄瓜 50 克，熟
花生米适量

鱼露 8 毫升，米醋 15 毫升，香油 5 毫升，
香菜 10 克，泰国小辣椒 2 个，大蒜 2 瓣，
黄柠檬 1 个

制作过程

1. 把木耳和银耳用温水泡开，择洗干净。
2. 黄瓜洗净，切片。香菜洗净，切段。大蒜
   切成碎末。小辣椒切圈。柠檬切角。
3. 把以上准备好的食材加入调料拌匀，装
   入盘中。
4. 用柠檬角点缀，最后撒上花生米即可。

原料 调料

菜花 200 克，熟松仁 10 克，酸奶 1 瓶（约 100 毫升）

咖喱粉 5 克，姜黄粉 5 克，泰国小辣椒 1 个，盐适量，清水 1500 毫升

制作过程

1. 把菜花掰成大小均匀的小朵，洗净，备用。
2. 锅内放入 1500 毫升的水，加入咖喱粉、姜黄粉和盐一起烧开，把菜花放进去煮 2 分钟左右，待菜花煮熟后捞出，晾凉，装入盘中。
3. 把酸奶均匀地浇到菜花上。
4. 放入松仁和小辣椒。

1. 也可放些柠檬汁调味。

2. 菜花不宜煮太烂，在煮八分熟的时候捞出来，待完全凉后就完全成熟了，因为在晾凉的过程中，菜花本身的温度还会加热。

酸奶咖喱菜花沙拉

人气食单

最具人气多国籍料理

推荐指数

★★★★

推荐理由：

咖喱是泰国人爱用的调料，由于加入了红辣椒，味道更辣。

原料 调料

嫩豆腐 300 克，胡瓜 1 根，九层塔碎 5 克，熟花生 30 克，番茄 1 个

大蒜碎 3 克，鱼露适量，青柠汁 5 毫升，香油少许

制作过程

1. 把豆腐切成方块。胡瓜洗净，切成丝。番茄洗净，切成方丁，备用。
2. 将豆腐丁、番茄丁、九层塔碎、熟花生混合在一起放到容器中，加入鱼露、青柠汁、香油、大蒜碎调味拌匀。
3. 装入盘中，最后将胡瓜丝放置顶部即可。

泰式鸡酱豆腐沙拉

人气食单
最具人气多国籍料理
推荐指数
★★★★★

推荐理由：

鸡酱豆腐沙拉嫩嫩的，豆腐的香味很浓郁，口感也很好。

南洋咖喱南瓜汤

人气食单
最具人气多国籍料理
推荐指数
★★★★

推荐理由:

咖喱南瓜汤味道浓厚、口味
独特。有了咖喱，在家也能轻松
制作咖喱南瓜汤啦。

原料 调料

南瓜 500 克，苹果 1 个，洋葱块 40 克

咖喱粉 20 克，姜片 20 克，豆蔻粉少许，薄荷叶、盐各适量，清水 1000 毫升，奶油 50 毫升，色拉油 15 毫升

制作过程

1. 将南瓜和苹果去皮，去籽，切成小块，备用。
2. 汤锅内加入色拉油，待油热后放入洋葱、姜和咖喱粉，小火煸炒 5 分钟。
3. 放入南瓜和苹果，再继续炒 3 分钟，至南瓜松软。
4. 加入清水和豆蔻粉，改小火慢煮 45 分钟。
5. 煮好的汤用打碎机粉碎成蓉装，倒回锅中，加入奶油和盐，略煮 2 分钟即可出锅。
6. 装入汤碗中，用薄荷叶点缀即可。

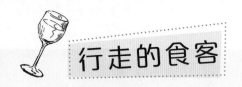

肉骨茶

　　肉骨茶，最后虽然落在了"茶"字上，但整道菜，却好像与茶没有特别大的关系，料包中也没有茶的成分，而是由当归、玉竹、八角、桂皮、白术、甘草、熟地、党参、茯苓、川芎等几十种中药材及香料配制而成。相传，当年中国劳工下南洋讨生活，每天从事繁重的体力劳动，又要抵御当地湿热的气候，所以用中草药偏方搭配猪骨肉炖汤，早餐就吃上一大碗，一整天都有力气。与肉骨茶搭配而食的铁杆伴侣通常是一碟凉的油条，蘸而食之，别有风味，很像在厦门吃过的面线糊配凉油条。据说，因为食用此菜时，通常还会泡一杯清茶来解汤肉的肥腻，由此得名。

　　售卖肉骨茶的铺子，多半也不是什么雅致的地方，有的甚至开在荒郊野岭的乡村边缘，半露天下就摆开桌椅板凳。东南亚店铺特有的爱把媒体报道贴在墙上的做法在这里也能见到，只是已经被烟雾和莫名的汤汁浸染得看不出写了什么，老式风扇在角落迟缓地摇着头，好像要把肉骨茶的味道传播得更远，店里四处弥漫着浓浓的中药味，连地板和墙壁都被这种香气渗透了，所以色泽也变得昏黄而油腻。

　　场景切换到美丽而宁静的马六甲，苏州一样的水乡小镇，我与美食圈小伙伴战战在这里寻找马来西亚美味。一早吃过著名的"中华茶室"海南鸡饭，我们一路跟着导航继续寻找一家当地很有名的肉骨茶餐厅。穿丛林过草原，经过了无数的街道、店铺与别墅区，甚至穿过了一个真正的墓地，我们终于在前不着村后不着店的山脚下发现了这家"林记砂煲肉骨茶"，据说是马来西亚最早使用砂煲制作肉骨茶的地方，是著名的老字号。

　　攻略中提醒，这间肉骨茶餐厅从早上开始售卖，卖完即止，如果遇到周末则要赶早，不然中午就卖完了。事实上，当我们终于到达的时候，手表的指针早已准准地指向了下午三点。如庄园一般宽阔的沙土空场上，椅子已经全部倒扣在桌子上，一个上了年纪的老妈妈在做最后的清扫。战战不甘心，想求他们将锅底最后一碗挖出来，给我们尝尝也好，老妈妈无能为力，只能请我们明天早来，但是第二天一早我们就要坐车离开马六甲前往怡宝了，不可能再有机会来这里，注定遗憾！

从马六甲的客栈告别帅气的老板，我们搭了一辆破旧的出租车前往长途汽车站。途中，不知不觉聊起肉骨茶来，爱讲话的司机原来也是个超级吃货，热情洋溢地给我们讲他大爱的肉骨茶——"最好吃的当然是猪脚弯啦……"他一边开车一边用另外一只手不停地活动着手腕，想要给我们尽量展现那个部位的柔软多肉。"猪脚弯，嗯，你知道我钱并不多，但是我吃，哈哈哈哈……"肉骨茶，猪脚弯，不断重复地字眼深深刻入我们的脑子，马来西亚的行程才不到一半，还有机会！

镜头再切换到美食之都槟城，我们在寻找景点的路上发现了这家"益香"绑线肉骨茶。所谓绑线，是一种比较古老的烹饪技法，将生肉用棉线缠绕捆扎，这样肉质久煮而不散，保持其形，同时逼出油脂，锁住美味，保持鲜嫩。

店中装饰雅致，浓浓的中国风，桌上还放置了茶具，客人可以自己泡茶饮用，一看就是标准的福建派。原来，肉骨茶也分流派，分别是清汤胡椒的潮州派和酱油口味的福建派。如今在新加坡多半流行潮州派，而在马来西亚，口味浓重的福建派比较多见。菜单上可以选择的种类很多，排骨、肘肉、猪蹄、猪脚弯、猪肚、猪杂、粉肠、蘑菇、豆卜等，奢侈一点的还有海参、鲍鱼。上桌的容器也很有意思，小小一碗连肉带汤，下面则有一个酒精炉在加热，从头吃到尾也不怕变凉，真是太棒了。

果然大爱猪脚弯，猪脚有前蹄和后蹄，前蹄小而直，后蹄多肉的部分则有一个浑厚的弯处，肉质肥嫩，肉皮也更厚实，炖得足够软烂后，汤汁也变得黏稠起来，配上米饭，真是人间美味，或者泡上一截凉油条、炸腐皮，待充分吸收了汤汁变软了入口，更是一绝！

（文／凡影）

马来西亚肉骨茶

推荐理由:

肉骨茶香浓美味、风味独特，
特别适合患风湿的人群服用。

原料 调料

猪排骨 500 克，枸杞 5 克，玉竹 12 克，
当归 5 克，甘草 3 克，桂皮少许，丁香 2 粒，
八角 1 粒

大蒜 3 克，盐、白胡椒粉、味精各适量，
清水 2000 毫升，酱油 5 毫升，老姜 1 块

制作过程

1. 将排骨洗净，剁成 5 厘米长的段，用清水氽一下，备用。
2. 把所有香料先用水焯一下，然后用细纱布把香料和老姜一起包起来。
3. 深底锅内加入清水，放入香料包和排骨，大火烧开，撇去浮沫，改小火慢炖 15 分钟，加入酱油和大蒜，盖上锅盖继续慢炖 60 分钟。
4. 用盐、胡椒粉和味精调味即可。

原料 调料

罐头鹰嘴豆 200 克，菠菜 100 克，苹果汁 10 毫升，牛奶 100 毫升

盐、鸡精各少许，大蒜碎 3 克，南姜碎 10 克，烤花生碎 15 克，咖喱粉 15 克，色拉油 20 毫升，鸡高汤 600 毫升

制作过程

1. 菠菜去根洗净，从中间切一刀，备用。
2. 深底锅内加入色拉油，待油热，加入大蒜和南姜碎，炒出香味。
3. 加入鹰嘴豆，略炒 2 分钟，加入咖喱粉，慢火把咖喱粉炒熟。
4. 加入鸡高汤，大火烧开，慢火煮 25 分钟，把菠菜放进去，继续煮 8 分钟。
5. 撇去浮沫，放入牛奶、苹果汁、盐、鸡精略煮 2 分钟。
6. 装入汤碗中，撒上花生碎即可。

风味咖喱
鹰嘴豆菠菜汤

人气食单
最具人气多国籍料理
推荐指数
★★★★

推荐理由：

鹰嘴豆用新鲜的最好，熬制时间可相应缩短。这汤配饼吃很好吃。

印尼辣味猪肉汤

人气食单
最具人气多国籍料理
推荐指数
★★★★★

推荐理由:

猪排加点小辣椒口感最好,
肥瘦相间口感不柴、鲜嫩适口,
又能增加食欲,最适合用来做汤。

原料 调料

猪排骨 500 克,杏仁 100 克,洋葱碎 20 克,小辣椒 2 个

清水 2000 毫升,柠檬汁 5 毫升,色拉油 30 毫升,咖喱粉 80 克,姜 20 克,蒜 20 克,丁香 2 粒,鸡精少许,盐、白胡椒粉各适量

制作过程

1. 把猪排洗净,剁成 3 厘米长的段,用开水氽一下,清洗干净,备用。
2. 汤锅内加入色拉油,待油热后放入葱姜蒜末、辣椒、丁香和咖喱粉,用小火煸炒 8 分钟。
3. 放入猪排,继续煸炒 5 分钟,加入清水,用大火烧开,撇去浮沫,改小火慢炖 1 小时。
4. 炖 1 小时后放入杏仁,继续煮 15 分钟。
5. 用盐、白胡椒粉、鸡精和柠檬汁调味即可。

原料 调料

蟹柳 5 根，香菇 2 个，番茄 1 个，黑木耳 20 克，鸡蛋 2 个

香菜、香葱碎各少许，姜末 10 克，色拉油 15 克，鱼高汤 600 毫升，泰国小辣椒圈 15 克，香油、水淀粉、盐、白胡椒粉、味精、香油各适量

制作过程

1. 将蟹柳洗净，切成 3 厘米的方丁。
2. 香菇、番茄洗净，切成方丁。黑木耳切成细丝。鸡蛋打成蛋液，备用。
3. 深底锅中加入色拉油，待油热，放入姜末和辣椒圈，炒香。
4. 放入番茄丁和香菇丁，煸炒 2 分钟，加入鱼高汤，大火烧开，放入蟹柳、黑木耳，慢煮 3 分钟。
5. 加入盐、胡椒粉、味精调味，用水淀粉调制汤的稠度，然后放入鸡蛋液和香油。
6. 装入汤碗中，撒上香葱碎、香菜碎即可。

蔬菜蟹柳浓汤

人气食单

最具人气多国籍料理

推荐指数

★ ★ ★ ★

推荐理由：

蟹柳因为做的形状是长条的，而且红白相间的成色状似蟹肉，所以被称为"蟹柳"。适用于喜庆场合，非常吉利。

推荐理由:

沙嗲酱香味自然浓郁，用以烹制爆炒溜蒸等海鲜菜品，口味鲜醇，因其特有的海鲜自然香味而深受南洋食客的欢迎。

人气食单
最具人气多国籍料理
推荐指数
★★★★★

沙嗲酱

材料

印尼虾饼或虾酱 30 克，花生酱 300 克，大蒜碎 200 克，干葱碎 200 克，南姜碎 80 克，香茅碎 50 克，泰国小辣椒碎 80 克，香菜碎 30 克，椰浆 400 毫升，咖喱粉 150 克，黄姜粉 50 克，盐、白糖、鱼露各适量，色拉油 50 毫升

制作过程

1. 用椰浆把花生酱化开，备用。
2. 锅内加入色拉油烧热，放入干葱碎、大蒜碎、南姜碎、香茅碎、小辣椒碎，炒出香味。
3. 加入虾酱、咖喱粉和黄姜粉，煸炒 2 分钟，把咖喱粉炒熟。
4. 放入化开的花生酱，大火烧开，改为小火，慢煮 10 分钟。
5. 加入盐、白糖、鱼露和香菜碎，继续慢煮 3 分钟即可。

材料

干虾仁 250 克，洋葱 30 克，柠檬叶 5 片，
香茅 30 克，大蒜 30 克，南姜 30 克，
辣椒面 250 克，番茄酱 100 克，鱼露、
色拉油各适量

制作过程

1. 把辣椒面和干虾仁用清水泡 30 分钟，捞出，
   控干水，把虾仁剁碎，备用。

2. 把洋葱、大蒜、香茅、南姜、柠檬叶洗净，
   柠檬叶除外都切成碎末。

3. 锅内放入色拉油，待油热，把洋葱、大蒜、
   香茅、南姜炒香，放入辣椒面和虾仁，混
   合炒出香味。

4. 加入番茄酱炒熟，加入清水。

5. 开锅后用微火慢炖 1 小时，最后用鱼露调
   味即可。

制作要点

南姜可以用普通的
老姜代替。

桑巴酱

人气食单
最具人气多国籍料理
推荐指数
★★★★★

推荐理由:

桑巴酱是制作许多菜肴必不
可少的调料，它独特的香味让菜
肴更加美味！

材料

桂皮 5 克，丁香 3 粒，洋葱碎 20 克，老姜碎 20 克，干辣椒 10 克，大蒜碎 20 克，香茅碎 30 克，咖喱粉 200 克，姜黄粉 80 克，色拉油 100 克，鱼露、清水、盐、香叶各适量

制作过程

1. 锅内放入色拉油，待油热，放入洋葱、香茅、大蒜、姜碎炒出香味。
2. 放入咖喱粉、干辣椒和姜黄粉，用微火慢炒，把咖喱粉炒出香味且炒熟。
3. 加入清水、鱼露、盐、香叶、桂皮和丁香，用小火慢炖 1.5 小时。
4. 把香叶、桂皮、丁香捞出即可。

黄咖喱酱

人气食单

最具人气多国籍料理

推荐指数

★★★★

推荐理由：

黄咖喱酱味相当浓郁，口感上的惊喜更大，浓而不腻不说，不管怎么使用都会透露出咖喱的鲜味。

泰式清蒸鲈鱼

人气食单
最具人气多国籍料理
推荐指数
★★★★

推荐理由:

这道家常菜,做法简单,味道鲜美,充分发挥了食材的本味,口感鲜嫩味道清甜。它的做法是鲈鱼的极品做法。

原料 调料

鲈鱼 1 条

鱼露、盐、白胡椒碎各适量,色拉油 30 毫升,洋葱丝 20 克,香茅段 100 克,柠檬叶 5 片,香茅丝 10 克,柠檬 1 个,小辣椒圈 10 克,香菜段 10 克

制作过程

1. 把鲈鱼清洗干净,去掉鱼鳃,在鱼身的两侧均切上花刀,用盐和白胡椒碎腌制 3 分钟,备用。
2. 柠檬的一半切成片,另一半把皮去掉切成细丝,备用。
3. 鱼盘里放上香茅段和柠檬叶,把腌好的鲈鱼放到香茅上,放到蒸锅里,待蒸锅上蒸汽之后关小火,慢蒸 8 分钟即可出锅。
4. 把香茅丝、洋葱丝、辣椒圈、香菜段、柠檬丝放置到鱼身上,最后浇上鱼露。
5. 锅内加入色拉油,油热后浇到菜丝上即可。

人气食单

最具人气多国籍料理

推荐指数

★★★★★

推荐理由:

记忆深刻的一道菜，酸辣劲

儿让人欲罢不能，如配一碗白花

花的米饭就是人间美味。

原料 调料

鲈鱼 1 条，娃娃菜 2 棵

鱼高汤 1000 毫升，青柠檬汁 10 毫升，色拉油 20 毫升，鱼露、盐、白胡椒粉各适量，冬阴功酱 80 克，青柠檬片 50 克，香茅段 30 克，柠檬叶 3 片，南姜片 3 片，泰国小辣椒 3 个，香菜段 50 克

制作过程

1. 把鲈鱼清洗干净，剁成大块，用盐和胡椒粉腌制 8 分钟。

2. 深底锅内加入色拉油，待油热，加入南姜片和香茅段，略炒出香味。

3. 加入冬阴功酱，煸炒 2 分钟，加入鱼高汤，大火烧开，放入鲈鱼和柠檬片、柠檬叶、小辣椒，开锅以后撇去浮沫，改为小火慢炖 6 分种。

4. 再次撇去浮沫，加入娃娃菜炖 2 分钟。放入鱼露、柠檬汁、盐、白胡椒粉调味。

5. 煮好的娃娃菜放到盘子底部，然后小心地把鱼块放置上去，汤汁浇到鱼身上。

6. 放上香菜段即可。

原料 调料

草鱼 1 条，番茄 2 个

番茄酱 80 克，咖喱酱 150 克，青柠檬 1 个，柠檬叶 2 片，九层塔 3 克，小辣椒 10 克，干葱 5 个，大蒜 5 瓣，盐、白胡椒粉、白糖各适量，料酒 3 毫升，色拉油 15 毫升，椰浆 30 毫升，清水 800 毫升

制作过程

1. 把草鱼清洗干净，去掉鱼线，剁成大块。用盐、白胡椒粉和料酒腌制 3 分钟。
2. 番茄洗净，去掉根蒂，切成大块。柠檬洗净，切成角，备用。
3. 深底锅中加入色拉油，待油热后放入干葱、大蒜和辣椒，煸炒出香味。
4. 加入番茄酱和咖喱酱，略炒 3 分钟，加入清水，大火烧开，放入鱼块，撇去浮沫。
5. 加入番茄、柠檬角、柠檬叶，小火慢煮 10 分钟左右，出锅前加入椰浆、盐、白胡椒粉和白糖调味。
6. 装入容器中，放上九层塔点缀即可。

番茄咖喱草鱼

人气食单
最具人气多国籍料理
推荐指数
★★★★★

推荐理由:

做鱼块没有那么单一，加入番茄和咖喱，色彩不仅好看，而且很有食欲，口感又好。

桑巴大虾

原料 调料

大虾 8 只

大蒜碎 10 克，姜碎 10 克，洋葱碎 10 克，
桑巴酱 150 克，鱼露、香椒油各少许，
红椒碎、青椒碎、色拉油、生粉、料酒
各适量

推荐理由:

桑巴酱炒大虾，味道很香，
颜色诱人。

制作过程

1. 大虾去头须和虾线，洗净，撒上一层生粉，备用。（图1）
2. 锅内加入色拉油，待油温有八成热时，把大虾放进去，猛火炸2分钟后捞出。（图2）
3. 锅内留约15毫升的油，加入大蒜碎、姜碎、洋葱碎和青红椒碎，煸炒出香味。
4. 放入桑巴酱，慢炒2分钟，再放入大虾略微翻炒几下，放入料酒，猛火煸炒1分钟，出锅前
   加入鱼露和香椒油。（图3）
5. 装入盘中，摆放整齐，最后撒上青红椒碎点缀即可。（图4）

 ①
 ②
 ③
 ④

 制作要点

因为桑巴酱有一定的咸味，注意鱼露的添加量。

印度咖喱炒蟹

原料 调料

河蟹 2 只

老姜碎 10 克，大蒜碎 10 克，黄咖喱酱（制作方法见本书 p.186）150 克，白糖 8 克，色拉油、生粉、盐、白胡椒粉、香茅、辣椒碎、莴苣条、清水、白糖各适量，泰国小辣椒圈 30 克，香菜段 5 克，椰丝少许

推荐理由：

香浓的咖喱酱汁中放入炸过的蟹块烩炒，加上椰丝的清甜，口味层次丰富，极其诱人。

制作过程

1. 把河蟹清洗干净，剁成大块，用盐和胡椒粉腌制 3 分钟。莴笋去皮，洗净，切成小长条，备用。

2. 把入好味的蟹块上撒一层生粉，放入热油锅中炸约 2 分钟至蟹壳呈红色，捞出，备用。

3. 锅内留下 20 毫升左右的色拉油，放入大蒜、香茅、老姜和 20 克的辣椒碎，煸炒出香味。加入咖喱酱，略炒 1 分钟。

4. 直接加入炸好的蟹块和莴笋条，加入适量的清水，烩炒 3 分钟，汤汁剩余少量时，味道已进入蟹肉中。

5. 加入适量的盐、白胡椒粉和白糖调味。

6. 装入盘中撒上香菜段、椰丝和剩下的 10 克辣椒圈即可。

推荐理由:

香茅、柠檬汁驱走了青口的腥味，加入椰浆的香甜，味道别具一格。

椰浆烩青口

原料 调料

青口 10 个，洋葱块 20 克，番茄块 50 克，豌豆 50 克

盐、白胡椒粉各适量，青柠檬汁 3 毫升，香椒油少许，色拉油 15 克，椰浆 300 毫升，香茅段 20 克，小辣椒 30 克，南姜片 3 片，香菜段 20 克

制作过程

1. 青口清洗干净。

2. 锅内加入油烧热，放入洋葱、香茅段、南姜和小辣椒炒出香味，放入番茄和豌豆，略炒 2 分钟。

4. 加入椰浆，大火烧开，撇去浮沫。放入青口，慢煮 3 分钟。

3. 豌豆煮熟，加入盐、白胡椒粉、柠檬汁和香椒油调味，装入汤盘中，撒上香菜即可。

说说食材 　青口，也叫翡翠贻贝、海虹、海红，干制后即为"淡菜"。

原料 调料

活虾 6 只

生抽、鱼露各适量，青柠汁 20 毫升，
白糖少许，洋葱碎 30 克，柠檬皮碎
30 克，九层塔碎 50 克，泰国辣椒碎
50 克，香菜碎 10 克

制作过程

1. 把活虾去皮，去除虾线，洗净，备用。(图 1)
2. 把所有调料混合在一起，调制成调味汁。
   （图 2、图 3、图 4 ）
3. 处理好的虾整齐地摆放在盘子里，浇上调
   味汁即可。

① ② ③ ④

泰式酸辣生虾

人气食单
最具人气多国籍料理
推荐指数
★★★★★

推荐理由：

集冷、酸、辣、甜等口味于

一体，再加上大个的新鲜的虾，

可以征服最挑剔的味蕾。

香茅炭烧鸡腿排

人气食单
最具人气多国籍料理
推荐指数
★★★★

推荐理由:

香茅草常于泰国菜制作,柠檬一般清凉淡爽的香味结合烤肉的香气,令人闻香止步。

原料·调料

去骨鸡腿1个,芭蕉叶1张

香菜碎5克,九层塔碎5克,香茅碎30克,鱼露适量,柠檬汁3毫升,大蒜碎15克,小辣椒碎5克,甜酱油(自制做法见本书p.172)1毫升

制作过程

1. 鸡腿洗净,控干水,备用。
2. 把所有调料混合在一起(除鸡腿和芭蕉叶)制成调味汁。
3. 把鸡腿放到调味汁中腌制1小时以上。
4. 腌好的鸡腿放到炭火上炙烤25分钟,至外层呈金黄色。
5. 烤好的鸡腿切成粗段,放到芭蕉叶上即可。

制作要点 如果没有炭火可以放到烤箱或平底锅中煎烤,但味道会改变很多。

原料　调料

三黄鸡半只，白菌 150 克，洋葱块 50 克

柠檬汁 2 毫升，柠檬叶 3 片，椰汁 300 毫升，鸡高汤 500 毫升，色拉油、盐、白胡椒粉各适量，香菜碎 20 克，香葱碎 20 克，小辣椒段 10 克，大蒜 5 瓣，南姜片 20 克，香茅段 20 克，小辣椒 5 个

制作过程

1. 把鸡处理并清洗干净，剁成大块，控干水，用盐、白胡椒粉、柠檬汁和香菜碎腌制 8 分钟。
2. 白菌清洗干净，备用。
3. 平底锅内加入适量油烧热，放入腌制好的鸡块，中火煎烤上色，至呈金黄色时捞出，备用。
4. 深底锅内加入色拉油，待油热，放入洋葱、姜、蒜、整个小辣椒和香茅段，一起煸炒出香味。
5. 加入鸡块、白菌煸炒 3 分钟，加入鸡高汤、椰汁和柠檬叶。
6. 大火烧开，撇去浮沫，改小火慢煮 5 分钟，加入盐和白胡椒粉调味。
7. 装入盘中，最后撒上辣椒和香葱碎即可。

缅甸椰汁烩鸡

人气食单
最具人气多国籍料理

推荐指数
★★★★

推荐理由：

经典的东南亚风味，奶白色的汤汁，肉加白菌加蔬菜的搭配，好看又好吃！

泰式桑巴炒鸡

人气食单
最人气多国籍料理
推荐指数
★ ★ ★ ★

推荐理由：

此菜鲜辣营养、肉香四溢

令人胃口大开，百吃不厌。

原料 调料

去骨鸡腿肉 2 个，洋葱块 50 克，泰国
青圆茄子 5 个，红椒块 30 克，黄椒块
30 克

盐、白胡椒粉、色拉油各适量，柠檬汁
3 毫升，桑巴酱 80 克，鱼露少许

制作过程

1. 把鸡腿洗净，切成大块，用盐、胡椒粉、柠檬汁腌制，备用。
2. 锅内加入色拉油，待油八成热，放入腌制好的鸡腿肉，炸 3 分钟至呈金黄色时捞出，备用。
3. 锅内留 15 毫升油，放入洋葱块煸炒出香味，放入桑巴酱炒 2 分钟至出香味，加入茄子、红椒块、
   黄椒块，大火煸炒至茄子软化。
4. 加入鸡块，混合爆炒 2 分钟，放入少许的鱼露调味即可。

原料 调料

去骨鸭腿肉 400 克，莲藕丁 100 克，胡萝卜丁 100 克，海带丁 100 克

泰国小辣椒段 80 克，大葱碎 20 克，姜末 15 克，九层塔 3 克，柠檬汁 1 毫升，香椒油、生粉各少许，鱼露、色拉油、盐、香茅碎、白胡椒粉各适量

制作过程

1. 把鸭腿肉洗净，控干水，用盐、白胡椒粉、柠檬汁、生粉腌制 3 分钟，备用。（图 1）
2. 锅内放入适量的色拉油，待油八成热时放入鸭肉丁，炸 1 分钟，捞出，沥干油，备用。（图 2）
3. 用开水把莲藕丁、海带丁和胡萝卜丁焯一下，过凉，备用。
4. 炒锅内放入色拉油烧热，加入香茅碎、大葱碎、姜末和辣椒段，大火炒香，放入鸭肉丁和蔬菜丁，大火快速翻炒约 20 秒，加入鱼露、盐、白胡椒粉和九层塔。（图 3）
4. 大火继续翻炒，出锅前加入香椒油即可。（图 4）

马来辣爆鸭丁

推荐理由：

鸭丁、藕丁、胡萝卜丁、海带丁五彩缤纷，九层塔、鱼露带来清鲜的味道。

人气食单
最具人气多国籍料理
推荐指数
★★★★

经典炭烧猪颈肉

推荐理由:

猪颈肉有"黄金六两"之称，肉脂如雪花般均匀分布，鲜嫩滑顺，炭烧后更加香浓美味，肉质紧致。

原料 调料

猪颈肉 500 克

泰国小辣椒碎 20 克，香菜碎 30 克，香茅碎 30 克，白糖 10 克，芝麻适量，柠檬汁 2 毫升，鱼露 2 毫升，老抽 1 毫升

①

②

③

④

制作过程

1. 将调料（除芝麻和蜂蜜外）混合一起，制成腌料。
2. 猪颈肉洗净，在肉上切花刀，放到腌料中腌制 45 分钟。
3. 放到炭火上用小火熏烤 30 分钟，每隔 10 分钟涂抹一次蜂蜜。
4. 烤熟后撒上芝麻，切片，装盘即可。

制作要点

1. 可以直接食用，也可以蘸料食用。
2. 蘸料制作方法：泰国小辣椒碎、鱼露、白糖、柠檬肉粒、香菜末混合在一起即可。

泰国风情菜

吃泰国菜，我个人必点的菜有几样，青木瓜沙拉或芒果粉丝虾沙拉，咖喱虾或咖喱蟹配泰国香米饭，冬阴功海鲜汤，海鲜炒杂菜或虾酱炒空心菜，椰汁芒果糯米饭或海鲜菠萝饭，最后再来点马来喳喳或椰汁西米露收口，就是完美的一顿啦。

好多人喜欢泰餐当中的炭烤猪颈肉和沙嗲鸡肉串。炭烤猪颈肉的肉质柔软又富有弹性，油脂均匀地分布在瘦肉当中，蜜汁的香气很好地渗入到肉中，入口微甜带着烧烤的焦香。金钱虾饼用新鲜大虾肉剁碎挂浆，入油锅炸成非常大个儿的虾方，保留了虾肉的鲜嫩弹牙口感和鲜香，再蘸点辣椒酱，是小孩子们最喜欢的一种食物。

冬阴功海鲜汤的好坏几乎是评判一家泰国餐厅是否好吃的标志。冬阴功海鲜汤以其内容和营养的丰富、口感的独特而被奉为泰国国汤，感觉泰国人一天到晚都在喝冬阴功。蓝象的冬阴功海鲜汤不但汤底浓稠，入口满溢香茅草、小番茄、草菇、椰奶和其他香料混合的浓烈香味，还能在里面看到非常大粒的开边整虾，这样的汤底不论是单饮还是泡米饭来吃，都是人间美味。

泰式香烤鲈鱼也是我喜欢的菜品之一，肉质滑嫩无刺的鲈鱼用香菜、南姜等东南亚调理腌制至少 24 小时后烤熟，吃时挤上柠檬汁，淋上辣椒酱，外焦里嫩，非常适合配合泰国啤酒食用。

招牌咖喱皇珍宝蟹，这种螃蟹产自美国海域，因为水质清澈而肉质紧致富有弹性，光蟹壳就是普通螃蟹 4 个加起来那么大，里面每一只蟹腿也比普通螃蟹的钳子还要粗上几倍，蟹腹中的肉被拆开，浸泡在椰香浓郁的秘制咖喱酱汁中，咖喱汁中混合了香芹、蒜、胡椒和由 20 多种调料调成的咖喱粉等，入口爽滑适口，每一口都像在吃蟹黄，与泰国香米饭一起入口，更是美味到无法形容。

又能当主食又能当甜品的香芒糯米饭是姑娘们的最爱。在泰国旅行时，我们经常在走累了之后站在街边点一份来吃，浓浓的椰浆与糯米饭和香甜的芒果肉混着入口，那种甜美的滋味，恐怕是泰国人对人类文明最伟大的贡献。

椰香西米糕则是将椰浆与生粉、糖混合，在下面垫上煮软的西米，用斑兰叶包着，一同蒸熟，西米糕混合了椰香和草香味，口感软糯弹牙，很适合炎热的夏天食用。用斑兰叶做成的小兜青碧诱人，仿如一盏盏小油灯盏，故又叫椰汁西米盏。

（文／凡影）

香蕉膏肉末炒茄条

人气食单

最具人气多国籍料理

推荐指数

★★★★

推荐理由:

家常的肉末茄条，却有浓郁的香蕉味道，还混着香茅和辣椒的香气，挑战你的想象力!

原料 调料

猪肉馅 100 克，茄子 1 个

泰国小辣椒 30 克，香葱碎 10 克，南姜碎 10 克，大蒜碎 10 克，香茅碎 20 克，料酒 10 毫升，生抽、鱼露、白糖、面粉各适量，番茄酱 50 克，香蕉油 20 毫升，色拉油 500 毫升

制作过程

1. 把茄子洗净，去除根底，切成 5 厘米大小的条，撒上面粉，备用。

2. 锅内放入 500 毫升的色拉油，待油温至八成热，放入茄子条，炸上色即可捞出，沥干油，备用。

3. 锅内放入 20 毫升的香蕉油烧热，放入香葱、姜、蒜、辣椒、香茅碎一起煸炒，大火煸炒出香味，放入猪肉馅、番茄酱和料酒。

4. 将猪肉馅炒熟后放入炸好的茄条，翻炒 1 分钟，放入生抽、鱼露、白糖调味，翻炒均匀即可。

菲律宾式炒排骨

原料 调料

猪排骨 400 克

色拉油、盐、白胡椒粉各适量，生抽 2 毫升，八角 2 个，鸡精 8 克，南姜碎 15 克，九层塔 5 克，香菜段 10 克，十三香少许，香茅碎 20 克，大蒜碎 15 克

制作过程

1. 把猪排骨洗净，剁成约 5 厘米长的段，用盐、白胡椒粉、十三香腌制 8 分钟。
2. 锅内加入色拉油烧热，放入猪排骨，用中火慢炸，把猪排骨炸制成金黄色捞出，需 8~12 分钟。
3. 锅内留 15 毫升色拉油，放入香茅碎、南姜碎、大蒜碎、八角炒香。倒回猪排骨，加入生抽、九层塔、盐、白胡椒粉、鸡精调味。
4. 装入盘中，撒上香菜即可。

推荐理由：

腌制入味后炸香的猪排，放入香茅、九层塔等香料炒制，色泽金黄，香气扑鼻。

人气食单

最具人气多国籍料理

推荐指数

★★★★

香茅猪柳

人气食单
最具人气多国籍料理
推荐指数
★★★★

推荐理由：

厚厚的猪通脊肉渗入了香浓的香料味道，烘烤出经典的东南亚烧烤风味，松脆可口。

原料 调料

猪通脊 400 克

香茅碎 80 克，小辣椒碎 30 克，大蒜碎 20 克，柠檬汁 2 毫升，料酒 30 毫升，生粉少许，盐、白胡椒粉、白糖粉、鱼露、色拉油各适量

制作过程

1. 把猪肉洗净，切成 2 厘米宽、8 厘米长的条，用盐、白胡椒粉、白糖粉、10 克的香茅碎、10 毫升的料酒和生粉腌制 8 分钟。

2. 锅内加入约 1000 毫升的色拉油，待油温八成热，放入腌好的猪肉条，快速搅拌散开，避免粘在一起，把猪肉条炸成金黄色后，捞出，备用。

3. 锅内留约 20 毫升的油，放入香茅碎、大蒜碎、辣椒碎，用大火炒出香味，倒回猪肉条和料酒，快速翻炒 1 分钟。

4. 加入鱼露、柠檬汁调味即可。

原料 调料

牛霖肉（牛臀肉）400 克，生腰果 100 克，芹菜丁 80 克，泰国小辣椒段 50 克，香茅碎 20 克

姜片 20 克，桑巴酱（制作方法见本书 p.185）80 克，盐、白胡椒粉、鸡精、色拉油各适量，料酒 2 毫升，生粉少许

制作过程

1. 牛肉洗净，切成方丁，用盐、白胡椒粉、鸡精、生粉和料酒腌制 5 分钟。
2. 锅内加入约 500 毫升的色拉油，待油三成热，放入腰果，用小火慢炸至腰果在油中有啪啪的响声时，捞出，备用。
3. 将炸腰果的油再次加热至八成热，放入牛肉粒，用勺子搅动，以免煳底，炸 1 分钟左右后将牛肉粒捞出。
4. 锅内留约 15 毫升的油，放入姜片、香茅和辣椒段，用大火煸香，放入桑巴酱大火爆炒，将香味炒出，放入芹菜和炸好的腰果、牛肉粒，翻炒均匀，放入盐、胡椒粉、鸡精调味即可。

桑巴酱炒腰果牛肉粒

人气食单
最具人气多国籍料理
推荐指数
★★★★

推荐理由：

桑巴酱、腰果和牛肉的组合，既有颜值又有内在美，是可以讨得大多数食客欢心的佳肴。

桑巴酱炒紫甘蓝

人气食单
最具人气多国籍料理
推荐指数
★★★★

推荐理由:

紫甘蓝虽然极有营养，却不容易做得好吃。这道菜以桑巴酱炒制紫甘蓝，既简单又好吃，新手不妨一试。

原料 调料

紫甘蓝 400 克

桑巴酱 80 克，大蒜碎 20 克，香葱段 20 克，料酒 2 毫升，盐、鸡精各适量，色拉油 15 毫升

制作过程

1. 把紫甘蓝洗净，用手把紫甘蓝撕成大片，备用。
2. 锅内放入色拉油烧热，放入大蒜和香葱段，大火炒出香味。
3. 放入桑巴酱略炒 1 分钟，把桑巴酱炒香，放入紫甘蓝，大火煸炒 1 分钟。
4. 加入料酒、盐和鸡精，继续用大火煸炒，混合均匀即可出锅装盘。

 制作要点

要保证紫甘蓝的水不外流，不软化，吃起来有脆脆的感觉，煸炒时火力一定要够大。

原料 调料

北豆腐 200 克，洋葱块 20 克，椰丝 8 克，
青辣椒块 30 克

黄咖喱酱 80 克，色拉油 510 毫升，鸡
高汤、香葱碎各适量

① ② ③ ④

制作过程

1. 把豆腐切成 5 厘米大小的方片，备用。

2. 锅内放入 500 毫升的油，待油八成热，放入豆腐片，炸成金黄色，捞出，沥干油，备用。

3. 锅内放入 10 毫升的色拉油烧热，放入洋葱大火炒香，放入咖喱酱和青辣椒，把咖喱酱炒出香味，
   加入鸡高汤和炸豆腐，大火煮开，撇去浮沫，改小火慢炖 3 分钟。

4. 装入汤盘中，最后撒上椰丝、香葱碎即可。

咖喱北豆腐

人气食单
最具人气多国籍料理
推荐指数
★ ★ ★ ★

推荐理由：

豆腐切片油炸后加鸡高汤炖
煮，用咖喱酱和青辣椒调味，外
层酥脆，内瓤软嫩，非常美味。

原料 调料

北豆腐 500 克，五花肉片、银芽、虾仁（虾仁去掉虾线）各 80 克，冬菇 1 个，鱼丸 50 克

香葱段 20 克，姜片 20 克，小辣椒段 30 克，鸡高汤 800 毫升，料酒 3 毫升，香菜、鱼露、盐、鸡精、色拉油各适量，香油少许

制作过程

1. 把豆腐切成三角块，用高温油把豆腐表层炸成金黄色。
2. 冬菇洗净，去根，从中间切开，一分为二。
3. 锅内放入色拉油烧热，放入香葱段、姜片和小辣椒段，炒出香味。
4. 放入猪肉片和虾仁，煸炒 2 分钟，放入料酒略炒，加入高汤，放入冬菇、银芽、鱼丸和炸好的豆腐大火烧开，改小火慢煮 5 分钟。
5. 待所有的食材煮熟，加入鱼露、盐、鸡精调味。
6. 装入汤盘中，撒上香油和香菜段即可。

马来烩豆腐

人气食单

最具人气多国籍料理

推荐指数

★★★★

推荐理由：

同样是豆腐片油炸，这次加入了冬菇和五花肉一同烧制，口感层次更多更丰富。

冬阴功海鲜汤河粉

人气食单

最具人气多国籍料理

推荐指数

★★★★★

推荐理由：

极具代表性的泰式风味，上至高档酒店，下至街边排档，拥趸者甚众。

主食

原料　调料

湿河粉 100 克，大虾 2 只，章鱼 50 克，青菜 2 棵，番茄 2 片

冬阴功酱 30 克，鱼高汤 400 毫升，盐、白胡椒粉、青柠汁各适量

制作过程

1. 把大虾洗净，去除虾线。章鱼洗净，切段。青菜洗净，备用。
2. 深底锅中加入鱼高汤、冬阴功酱、大虾和章鱼，大火烧开，撇去浮沫。
3. 放入河粉和青菜，略煮 1 分钟。
4. 用盐、白胡椒粉和青柠汁调味，装入汤碗中。
5. 放上番茄片即可。

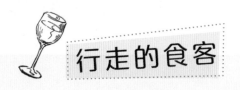

恋上越南牛肉粉

好像去越南之前，从来没有在北京吃过越南菜，对传说中作为越南最重要主食的"越南牛肉河粉"也丝毫没有任何概念——不就是一碗河粉加上几片牛肉，再加几片薄荷叶嘛，能好吃到哪去呢？中国本土的各种河粉种类还不够丰富吗？桂林的、成都的、贵州的、广东的……哪个不是河粉之乡，怎么偏偏一个越南河粉就享誉世界了呢？

第一脚踏上河内地界，在冬雨绵绵的三十六行老街上，准备等待一会儿即将开演的水上木偶剧之间，我在一家看起来炊烟袅袅、十分温暖的半露天店铺坐下来，准备用一碗牛肉河粉填饱肚子，顺便舒缓一下连日奔波的疲劳。这家经营粥粉面饭的小食铺与在中国南方许多城市能够见到的一模一样，只是一个简单搭起来的铁皮棚子，里面几张破旧的桌椅，炉灶上热气腾腾煮面炒菜的锅就摆在临近道路的一边，飘着香气，勾引着路人的胃口。从这里步行不到 5 分钟，就能看到宽阔的还剑湖水面，地理位置不错。墙上钉着一个硕大的牌子，蓝底红字，上面分门别类地用越南语和英文标示着各种食物，写在前面的是越南语的菜名，外国人当然是不会念的，幸好后边跟着就有英文解释。其实，这样的小店也没有太多选择，往往都是些用来饱腹的主食，比如炒饭、炒面、拌面、汤粉等，因为添加的辅料不同，又分成鸡肉炒饭、海鲜炒面、素拌面、牛肉河粉等，几样主副食来回组合，与国内的成都小吃差不多。

一碗冒着热气的牛肉河粉端到面前时，我实实在在地咽了一下口水，早上还在南宁街头挤公交车去跨国巴士站，中午只在关口附近的小店吃过一只鸡腿，面对眼前这么一碗汤粉，又是在阴冷的雨中，很想搓搓手，开始一顿美餐，尽管只是一碗河粉而已。一口汤先入口的时候，我的疲惫彻底在这种别开生面的味觉体验中融化、消失了——第一次与越南河粉的亲密接触，带给我的是一种微甜、润泽、清新的滋味。与国内各类炖汤以咸鲜为主不同的是，他们擅长对香料和甜味调料的运用，给了汤汁更丰富、美妙的层次。这在所有东南亚菜当中都有体现，比如新加坡肉骨茶中需要加入的冰糖，或者泰国冬阴功汤中的椰奶，还有菲律宾 SINIGANG（一种酸汤）中的酸甜罗望子果。

米线、米粉、河粉都是用大米磨浆后制成，只是形状有所不同，但口感却各有千秋。米线最细，入味容易不粘连，最适合爆炒；米粉圆润易嚼，最适合汤食；河粉则扁扁的，兼具以上两者的长处，无论汤食还是热炒，都有不错的口感。比如风靡世界的干炒牛河，就曾经被外国媒体评为世界十大美食之一。越南河粉与国内常见的这几种都不太一样，它是一种比普通河粉窄而粗的形状，泡在汤汁中更像是长方形截面的米粉，这样的造型可能更利于吸收汤汁中的味道，又不那么难夹吧。

吃越南河粉的时候，店家通常还会附送一碟新鲜蔬菜，里面可能会有一些生的豆芽菜、几片薄荷叶或九层塔，还会有四分之一个绿柠檬。不要小看这几样东西，趁汤粉还热的时候，赶紧加入蔬菜，并挤些柠檬汁在汤里，面前的河粉会马上散发出一种东南亚特有的气味和风情，那是香草与柠檬汁混合的独特香气，能够将你的整个情绪都调动起来，只等着快快开动，踏上美食体验之旅了。

自从掉入越南河粉的无底深渊，就仿佛身上多了一个定期发作的顽疾，一段时间不去吃上一碗，就心痒难耐。也难怪，亚洲人素来对汤汤水水的面线有着执拗的情结，华人又尤为胜之。在台湾知名美食作家叶怡兰、韩良忆的书中，都有过在巴黎、纽约街头寻找越南牛肉河粉的描写，吃过几天的汉堡牛排炸薯条后，大家都想来上这么一碗清纯滋润的面汤吧，与其说是恋上河粉，不如说就是那口汤更迷人。

越南河粉店，通常店家的招牌就是大大的"越南牛肉河粉"，而没有什么"越南菜"的概念，店里的装潢没有统一的模式，有的是法式遗风的红木缎带低调奢华，有的则是完全现代简约风格的西餐风，有的更是像快餐店一样只有简单的桌椅板凳。牛肉河粉通常被印在菜单的第一栏，选择颇多，牛九粉、牛肉粉、牛筋粉、牛肚粉或者招牌大杂烩，循环搭配竟然也有十几项之多。还有拌米粉，这也是十分特色的一种吃法——将极细的米粉捞干，上面铺上刚刚烤好的鸡肉串、牛排等，吃时淋上秘制酸甜鱼露汁，酸甜可口且分量很足，是干捞粉中极受欢迎的一种。再下来，其他特色米粉中的"顺化猪手濑汤粉"是不能错过的，浓浓的深色红烩汤汁中带些辣味，里面还埋着几块胖猪手，是我的最爱，也是许多店家在报纸广告中必然会提到的一款经典米粉。最后，可能会有一些小点心和甜品，比如越南春卷、椰汁三色冰等，如果胃口够大也可以考虑。

（文／凡影）

南洋风味炒牛河

人气食单
最具人气多国籍料理
推荐指数
★★★★★

推荐理由:

与广式炒河粉貌相似实不同，丰富的配菜，略甜而鲜香的口味，是一道主副食一体的美食。

原料 调料

鲜河粉 200 克，鸡蛋 1 个，虾仁 40 克，银芽 50 克，香菇丝 50 克，韭菜段 50 克，洋葱丝 40 克，牛肉片 80 克

色拉油、盐、鸡精、甜酱油（自制做法见本书 p.172）各适量，香葱段 8 克，白芝麻少许

制作过程

1. 把鸡蛋打成鸡蛋液。虾仁去掉虾线，洗净。银芽洗净，备用。

2. 锅内加入色拉油烧热，放入牛肉片，把牛肉炒熟，盛出。

3. 把鸡蛋液放入炒过牛肉的锅中，炒熟后盛出，备用。

4. 放入洋葱丝，大火煸炒出香味，放入虾仁、银芽、香菇丝大火煸炒 1 分钟。

5. 放入韭菜段、河粉、牛肉片和炒熟的鸡蛋，翻动几下，放入盐、鸡精、甜酱油，快速翻炒均匀。

6. 装入盘中，最后撒上香葱段和白芝麻即可。

原料　调料

熟米饭 200 克，五花肉 400 克，菜花 150 克，青豆 80 克

沙嗲酱 80 克，香菜碎 20 克，盐、鸡精各适量，香葱段 30 克，椰浆 100 毫升，色拉油 15 克

制作过程

1. 把猪肉洗净，切成薄片。菜花洗净，掰成小朵，备用。
2. 锅内放入色拉油烧热，放入香葱段炒香，放入猪肉片煸炒 1 分钟，加入沙嗲酱，继续再煸炒 1 分钟。
3. 加入椰浆，大火烧开，放入菜花和青豆，慢炖 15 分钟。
4. 加入盐、鸡精调味，装入盘中，配上米饭，撒上香菜碎即可。

沙嗲猪肉配米饭

推荐理由：

沙嗲酱是经典泰式调味酱，辛辣香咸，可开胃消食。用其炒制猪肉片，再配上菜花和青豆，一个字——"爽"！

人气食单

最具人气多国籍料理

推荐指数

★★★★

原料 调料

熟米饭 200 克，牛腩肉 500 克，黄咖喱酱 120 克，清水 2000 毫升，洋葱块 50 克，土豆 1 个，胡萝卜 1 根，青豆 50 克

香葱碎 10 克，盐、白胡椒粉各适量，白糖少许，色拉油 20 毫升，椰浆 30 毫升

制作过程

1. 把牛腩肉洗净，切成 3 厘米大小的方丁，用开水氽一下，备用。
2. 土豆、胡萝卜去皮，洗净，切成 3 厘米大小的方丁，备用。
3. 锅内放入色拉油烧热，加入洋葱煸炒出香味，加入咖喱酱和牛肉，中火煸炒 3 分钟。
4. 放入清水，大火烧开，撇去浮沫，改小火慢炖 45 分钟。在炖煮期间常翻动，以免煳底。
5. 放入土豆、胡萝卜和青豆，再继续炖 8 分钟，胡萝卜炖熟，放入盐、白胡椒粉、白糖、椰浆调味，翻匀。
6. 装入汤盘中，配上米饭，最后撒上香葱碎即可。

咖喱牛肉饭

人气食单
最具人气多国籍料理
推荐指数
★★★★★

推荐理由:

咖喱和肉类是绝配，尤其是牛肉。将牛肉、土豆、胡萝卜和青豆一起用黄咖喱炖煮，就是一道美味下饭菜。

越式米纸煎肉卷

人气食单
最具人气多国籍料理
推荐指数
★★★★★

推荐理由：

有虾脆脆的米纸，鲜嫩的内馅，猪肉中加了青豆和玉米后不仅口感更有层次，而且更漂亮了。

原料 调料

米纸 8 张，猪肉馅 400 克，青豆 80 克，玉米粒 80 克

香葱碎 15 克，姜末 15 克，小辣酱碎 10 克，鱼露、白胡椒粉、鸡精、色拉油各适量

制作过程

1. 用开水将青豆和玉米粒焯熟，过凉，备用。
2. 把猪肉馅、青豆、玉米粒和调料等所有食材（除米纸、色拉油外）混合在一起，搅拌均匀。
3. 拿 1 张米纸铺在砧板上，用少量的水湿润一下，以免太硬太脆，容易断裂，然后把搅拌好的肉馅放在米纸上，包严实，备用。
4. 锅内放入色拉油烧热，放入包好的肉卷，用小火慢煎，将两侧均煎成金黄色即可。

说说食材

越南米纸大体有薄、厚之分，薄一些的不容易操作；厚些的可包肉类、蔬菜，再蘸上酱料食用。制作时，如果功夫不到家很容易把米纸弄碎，所以先将米纸用清水泡软后再包，就容易很多。

南洋炸春卷

人气食单

最具人气多国籍料理

推荐指数

★★★★

推荐理由:

与我国的传统春卷做法近似，但食用时要蘸上特制的蘸料，一料之别，就体现出了南洋风味。

原料 调料

猪肉馅 200 克，粉丝 80 克，银芽 50 克，冬菇 2 个，胡萝卜丝 80 克，芹菜丝 50 克，韭菜 80 克，春卷皮 8 张，鸡蛋液少许

甜酱油（自制做法见本书 p.172）2 毫升，料酒、盐、鸡精、白糖、色拉油各适量，薄荷叶 1 枝

蘸料制作方法

材料

鱼露 3 毫升，柠檬汁 2 毫升，香菜碎 10 克，小辣椒碎 10 克，清水适量

制作过程

把以上所有食材混合在一起即可。

制作过程

1. 干粉丝用温水泡开，切成 3 厘米长的段。香菇洗净，切丝，备用。

2. 把猪肉馅放到平底锅里，用大火炒熟，在炒的过程中加入适量的料酒去腥。

3. 把猪肉馅、各种蔬菜丝和调料混合在一起，搅拌均匀，备用。

4. 拿 1 张春卷皮平铺到砧板上，加入适量的混合菜，先卷半圈，然后把两头多余部分卷进去，最后包好，连接处用鸡蛋液粘一下，以防开缝。

5. 锅内放入色拉油，待油温至八成热，把包好的春卷放到锅里，用中火炸 3 分钟，炸成金黄色即可捞出。

6. 摆放到盘子里，用薄荷叶点缀，配蘸料食用即可。

原料 调料

净鲈鱼肉 400 克

洋葱碎 10 克，姜末 10 克，香菜碎 30 克，
柠檬汁 2 毫升，香茅碎 10 克，小辣椒碎
20 克，咖喱粉 15 克，鸡蛋 1 个，生粉 20 克，
鱼露、盐、白胡椒粉、鸡精、白糖各适量，
色拉油 10 毫升

制作过程

1. 把鱼肉处理干净鱼刺，洗净，剁成鱼泥，
   备用。
2. 除色拉油外所有调料和鱼泥混合在一起，
   搅拌均匀，用力往一个方向摔打上劲，用
   手拍成圆饼状，备用。
3. 平底锅内加入色拉油烧热，放入鱼饼，用
   小中火煎制约 5 分钟，鱼饼的两侧均煎成
   金黄色即可。

制作要点　　食用的时候可以搭配酸辣汁。

推荐理由：

这是一道地道的泰国家常菜，
经过反复摔打上劲的鱼肉制成饼
状，煎熟即可，口感筋道弹牙。

泰式炸虾球

人气食单
最具人气多国籍料理
推荐指数
★★★★★

推荐理由:

经典泰式家常菜，但在传统做法基础上做了改进，虾球外表粘了一层玉米片，炸过后更加酥脆，更衬托出虾球的鲜嫩。

原料 调料

虾仁300克，五花肉100克，香菜碎50克，冬菇碎30克，尖椒碎30克，香葱碎20克，小辣椒碎10克，九层塔碎10克

色拉油、鸡蛋白、生粉、玉米片、盐、白胡椒粉各适量，柠檬汁1毫升，鱼露1毫升

制作要点

可以配蘸料食用，蘸料制作方法：鱼露3毫升、白糖5克、白醋1毫升、柠檬汁1毫升、香菜碎10克、小辣椒碎15克和适量清水混合在一起即可。

制作过程

1. 将虾仁的虾线去掉，洗净，剁成虾泥。五花肉洗净，剁成肉泥。

2. 把虾泥、五花肉泥放到容器中，加入香菜碎、冬菇碎、尖椒碎、香葱碎、小辣椒碎、九层塔碎、盐、白胡椒粉、柠檬汁、生粉和鸡蛋白，搅拌均匀，用力往一个方向摔打，上劲以后，搓成丸子状。

3. 搓好的丸子蘸上薄薄一层生粉，再蘸满鸡蛋白，最后蘸满玉米片压实，以免玉米片脱落。

4. 锅内放适量的色拉油，待油八成热，把蘸满玉米片的丸子放进油锅里，待炸浮起，呈金黄色时即可。

第六篇

精致营养
日本料理

铁板金针牛肉卷

原料 调料

牛肉 3 片，金针菇 80 克

盐、胡椒粉各适量，清酒 8 毫升，酱油 5 毫升，色拉油 8 毫升

人气食单
最具人气多国籍料理
推荐指数
★ ★ ★ ★ ★

推荐理由:

日式铁板烧里的经典品种，以牛肉片卷入金针菇后在铁板上煎熟，形态美观，味道可口。

制作过程

1. 金针菇洗净，切去根，分为 3 份。铁板设置 220℃预热好，淋上色拉油，待油热后放入金针菇。

2. 金针菇略翻炒几下后放适量的盐和胡椒粉调味。

3. 牛肉片用盐、胡椒粉腌制入味。

4. 牛肉片摊开放于铁板上，随后把炒好的金针菇放在牛肉片上，煎制片刻。

5. 将牛肉片包着金针菇慢慢卷成卷，待牛肉卷煎成金黄色时放入清酒和酱油调味。

6. 待清酒中的酒精挥发完后即可装盘。

神户酒焖牛尾

原料 调料

牛尾 200 克

盐、胡椒粉、味素各适量，酱油 8 毫升，
色拉油 10 毫升，干红葡萄酒 10 毫升

人气食单
最具人气多国籍料理
推荐指数
★★★★★

推荐理由：

焖得烂而不散的牛尾中富含
胶原蛋白，用干红调味后只余浓
香，全无腻味，赞！

制作过程

1. 铁板设置 160℃预热。
2. 干红葡萄酒、酱油、味素制成调味汁，备用。
3. 牛尾洗净，剁成小块，用盐和胡椒粉腌制。
4. 预热好的铁板淋上色拉油，放入腌制好的牛尾，煎成黄褐色，浇上调味汁，盖上锅盖焖 10
   分钟即可。

原料 调料

鳕鱼200克，节瓜片50克，紫茄子片30克，芦笋2段

面粉30克，黄油20克，盐、胡椒粉、酱油、柠檬汁各适量

制作过程

1. 铁板设置180℃预热。
2. 鳕鱼清洗干净，用盐和胡椒粉腌制入味，撒上一层面粉，备用。
3. 预热好的铁板上放黄油，待黄油化开，放入鳕鱼和节瓜片、茄子片、芦笋段煎制，将鱼两侧均煎成金黄色，蔬菜煎熟，在蔬菜上撒盐和胡椒粉。
4. 煎好的蔬菜放入盘中垫底，上面放鳕鱼，淋上酱油和柠檬汁即可。

说说食材

　　鳕鱼原产于北欧至加拿大、美国东部的北大西洋寒冷水域，目前主要出产国是加拿大、冰岛、挪威及俄罗斯，日本产地主要在北海道。鳕鱼是全世界年捕捞量最大的鱼类之一，具有重要的经济价值，皮脆肉滑，含蛋白质比较丰富。

日式香煎鳕鱼

人气食单
最具人气多国籍料理
推荐指数
★★★★

推荐理由：

　　鳕鱼的快手做法，虽然简单，却别具风味，再加上节瓜、茄子和芦笋的搭配，营养和味道都满分。

铁板秋刀鱼

原料 调料

秋刀鱼 1 条

酱油、盐、胡椒粉各适量，黄油 20 克，
清酒 5 毫升，柠檬汁适量

制作过程

1. 铁板设置 180℃预热。
2. 把秋刀鱼洗净，放在铁板上，加黄油、盐、
   胡椒粉、清酒，煎至两面均呈金黄色。
3. 从背部打开秋刀鱼，去除鱼骨。
4. 淋上酱油和柠檬汁即可。

人气食单
最具人气多国籍料理
推荐指数
★ ★ ★ ★ ★

推荐理由：

日式铁板烧经典品种。秋刀
鱼是极受日料爱好者欢迎的原料，
恰到好处的调味使鱼肉散发着令
人无法抗拒的香气。

扒扇贝配鱼子酱

原料 调料

扇贝 2 只

蒜蓉 8 克，鱼子酱 20 克，香葱碎、盐、白胡椒粉各适量，酱油 5 毫升，清酒 5 毫升，色拉油 5 毫升

制作过程

1. 铁板设置 180℃预热。
2. 扇贝用刷子充分刷洗干净。
3. 将蒜蓉、盐、胡椒粉、酱油和清酒混合在一起，制成调味汁，备用。
4. 预热好的铁板上放入色拉油，再放入扇贝，浇入调好的调味汁，盖上锅盖焖 2 分钟。
5. 焖熟的扇贝装盘，撒鱼子酱和香葱碎即可。

人气食单

最具人气多国籍料理

推荐指数

★★★★★

推荐理由：

铁板扇贝已是非常美味，再加上鱼子酱增光添彩，就是一道极具格调的日式铁板烧了。

铁板香菇

原料 调料

香菇 4 个

盐、胡椒粉、味素、酱油各适量，黄油
20 克，清酒 10 毫升

制作过程

1. 铁板设置 180℃预热。
2. 将盐、胡椒粉、味素、酱油、清酒混合在一起，制成调味汁，备用。
3. 香菇洗净，切去根。
4. 预热好的铁板上放黄油，待其化开，放入香菇，浇上调味汁，焖 2 分钟即可。

人气食单
最具人气多国籍料理
推荐指数
★★★★★

推荐理由：

极其简单的做法，极其美味
的菜肴，即使是肉食爱好者，也
无法抗拒它肉肉的口感和浓郁的
香味。

铁板烧荷兰豆

原料　调料

荷兰豆 200 克

大蒜末 10 克，美极酱油 8 毫升，黄油 20 克，盐、胡椒粉、味素各适量

制作过程

1. 铁板设置 200℃预热。
2. 荷兰豆洗净，掰去两头，备用。
3. 预热好的铁板上放黄油，待其化开，放入大蒜末炒香。放入荷兰豆快速翻炒至熟。加入酱油、盐、胡椒粉和味素调味即可。

人气食单

最具人气多国籍料理

推荐指数

★★★★

推荐理由：

　　尝试下，荷兰豆用铁板烧的做法做出来。你会发现与清炒完全不同的味道：脆嫩，并且入味。

日式烤鳗鱼

原料 调料

鳗鱼 1 条

山椒粉少许，鳗鱼汁适量，清酒 10 毫升

制作过程

1. 烤箱设置 180℃预热。
2. 鳗鱼处理好，洗净，去头和尾，切成象眼片。
3. 将山椒粉和鳗鱼汁均匀涂抹到鳗鱼上，放入烤盘里，再放入预热好的烤箱烤制 7 分钟。
4. 淋入清酒，再烤 8 分钟即可。

人气食单

最具人气多国籍料理

推荐指数

★★★★★

推荐理由：

相信只要知道日料的，就没有不知道烤鳗鱼的。有一点甜，有一点辣，外皮略脆，鱼肉极为鲜美。

酱烤五花肉

原料　调料

五花肉 200 克

香辣酱适量

制作过程

1. 烤箱预热至 200℃。
2. 五花肉洗净，切成厚片，用香辣酱腌制 5
   分钟，用竹扦子串起来。
3. 放入烤箱烤制 15 分钟即可。

人气食单

最具人气多国籍料理

推荐指数

★ ★ ★ ★ ★

推荐理由:

简单到不能更简单的做法，

20 分钟就能搞定，但你一定会被

它的香辣入味折服，虽然家常，

确实美味。

日式炸鱿鱼须

人气食单

最具人气多国籍料理

推荐指数

★★★★★

推荐理由：

鱿鱼须腌入味后挂蛋黄液又裹干淀粉，下油锅炸得酥酥脆脆的，即是触手可及的美味小吃。

原料 调料

鱿鱼须 120 克

蒜泥、姜泥、蛋黄酱、干淀粉、盐、木鱼素各适量，清酒 8 毫升，酱油 5 毫升，蛋黄液 100 克，色拉油 500 毫升

制作过程

1. 锅内放入色拉油，烧热至 180℃。
2. 鱿鱼须清洗干净，用盐、木鱼素、酱油、清酒、蒜泥、姜泥腌制 8 分钟至入味。
3. 将鱿鱼须放入蛋黄液均匀挂一层蛋黄，再均匀地蘸一层干淀粉。
4. 放入油锅内炸 3 分钟后捞出，装盘，蘸蛋黄酱食用即可。

原料　调料

虾5只，香菇2个，青椒片2个，藕片2个，胡萝片30克，洋葱片20克，红薯片3个，蒿子杆少许

面粉50克，天妇罗粉100克，鸡蛋1个，万字酱油2毫升，木鱼素少许，色拉油500毫升，清水、盐、胡椒粉各适量

制作过程

1. 深底锅内加入色拉油，加热至180℃。
2. 大虾洗净，去壳和头，放入容器中。加入其他所有蔬菜，调入盐和胡椒粉腌制入味。
3. 将鸡蛋、面粉、天妇罗粉和清水混合在一起，制成面糊。
4. 将万字酱油、木鱼素和清水混合在一起，制成调味汁，备用。
5. 将腌好的原料放入面糊中，均匀挂满面糊，放入油锅内，快速炸制，至表面呈金黄色时捞出。
6. 食用时蘸调味汁即可。

天妇罗

推荐理由:

　　天妇罗的面衣（即挂糊）薄透，好像金色蚕丝一般，既有油香，又不会吸收过多油脂，里面的蔬菜还保有其清爽的原味。

人气食单

最具人气多国籍料理

推荐指数

★★★★★

虾仁蒸蛋羹

人气食单
最具人气多国籍料理
推荐指数
★ ★ ★ ★

推荐理由:

简单的家常做法,用虾仁提升档次,加了香菇、蒿子秆增加营养,木鱼素体现日式风味。

原料 调料

虾仁2个,鸡蛋2个,香菇少许,鸡肉1块,蒿子杆1片

酱油、木鱼素各适量

制作过程

1. 蒸锅预先加热至上汽。
2. 鸡肉切丁。香菇泡发,洗净,切片。蒿子秆洗净,切段。
3. 鸡蛋液放入容器中打散,放入蛋羹容器中,加入虾仁、鸡肉、香菇、蒿子杆,放入蒸锅内蒸7分钟。
4. 取出蒸好的蛋羹,加入酱油、木鱼素即可。

原料 调料

拉面 100 克，裙带菜 10 克，滑子菇 8 克，
玉米粒少许，小油菜 1 克，熟鸡蛋 1 个

骨汤酱包 1 个，小葱碎 5 克

制作过程

1. 锅中加水烧开，放入拉面煮至九分熟，捞
   入面碗中，备用。
2. 骨汤酱包放入适量的水中溶解开，放入裙
   带菜、滑子菇、玉米粒、小油菜和熟鸡蛋
   煮 1 分钟，然后倒入拉面中。
3. 撒上小葱碎即可。

传统骨汤拉面

人气食单

最具人气多国籍料理

推荐指数

★ ★ ★ ★ ★

推荐理由：

浓厚的排骨汤，筋道的拉面，
营养丰富又有百搭的配菜，人气
高到爆！

裙带菜乌冬面

人气食单

最具人气多国籍料理

推荐指数

★★★★★

推荐理由：

乌冬面是最具日本特色的面条之一，口感介于切面和米粉之间，偏软，配上精心调制的汤料，就是一道可口面食。

原料 调料

乌冬面1包，裙带菜50克，香菇2个，海带少许

小葱适量，清水200毫升，味啉、酱油各3毫升，木鱼素、盐、白胡椒粉各适量

制作过程

1. 锅内放入清水，烧开后加入裙带菜、香菇、海带、味啉、酱油、木鱼素、盐和白胡椒粉一起煮开，放入乌冬面，煮1分钟。
2. 装入碗中，最后撒上小葱即可。

制作要点

　　乌冬面是最具日本特色的面条之一，与日本的荞麦面、绿茶面并称日本三大面条，是日本料理店不可或缺的主角。乌冬面是用盐水和的面，促使面团内快速形成面筋，然后擀成一张大饼，再把大饼叠起来用刀切成面条。它是将盐和水混入面粉中制作成的白色较粗（直径4～6毫米）的面条。冬天加入热汤，夏天则放凉食用。凉乌冬面可以蘸叫作"面佐料汁"的浓料汁食用。

三文鱼刺身

日本刺身

推荐理由：

三文鱼清鲜的滋味中混杂着酱油和芥末的滋味，配合苏子叶、萝卜丝，完全没有腥味，又容易消化。

原料 调料

三文鱼 10 克，苏子叶 3 片，白萝卜 80 克

柠檬 1 个，海鲜酱油、芥末各适量

制作过程

1. 三文鱼超低温冷冻杀菌，解冻，备用。

2. 苏子叶去根，清洗干净。白萝卜去皮，洗净，切成细丝，用冷水冲洗 10 分钟，沥干水。柠檬切为 8 份，备用。

3. 三文鱼正面朝上放在案板上，用刀切成 2 毫米厚的均匀的片。可依据个人口感调整厚度。（图 1、图 2）

4. 把萝卜丝团成小团，放在盘中，放上一片苏子叶，再把三文鱼放在苏子叶上。（图 3）

5. 食用时蘸海鲜酱油、芥末，芥末可依个人口味适量添加。

制作要点

生吃鱼片比较腥，配苏子叶、萝卜丝可去腥味、助消化。要是不爱吃苏子叶和萝卜丝，还可挤些柠檬汁配食。

寿司常用酱料

酱料

千岛酱、丘比沙拉酱、番茄沙司、海鲜酱油、芥末、草莓酱

寿司常用原料

材料

黄瓜、蟹柳、大叶生菜、海苔（原味）、火腿、红蟹籽、黑鱼籽、三文鱼、鳗鱼等

米饭的制作

材料

香米 1 斤

制作过程

1. 大米淘洗干净，按米与水 1 : 1.2 的比例放入电饭锅中，蒸制 25 分钟后关闭电源。
2. 用余热再闷 10 分钟，然后把米饭盛入容器中，浇入 200 毫升寿司醋拌匀，放凉即可。

寿司常用工具

工具

寿司帘、保鲜膜

常见寿司的类型

类型

细卷、手握寿司、手卷、军舰、粗卷、新派寿司等。每种寿司除外观和用料不同，其操作手法基本一样。

寿司醋的制作

材料

白菊醋 10 毫升，白糖 10 克，盐 5 克，昆布 1 块

制作过程

将白菊醋、白糖、盐放入容器中搅匀，再放入昆布浸泡半小时即可。

制作要点　　　在米饭放凉过程中，每 5 分钟要翻搅一次。

原料 调料

三文鱼 1 块，寿司饭 50 克

丘比沙拉酱适量，黑蟹子酱 8 克

制作过程

1. 三文鱼腹背面朝上，横向摆放在案板上，刀身与三文鱼呈 45° 角，将其斜切成 3 片。
2. 将鱼片一片压另一片的一边，依次摆放，捏 10 克寿司饭，呈锥形放在第一片三文鱼上，把寿司饭包卷起来成一个花形。
3. 把卷好的花装盘，在露出的米饭上挤少量丘比沙拉酱，放少许黑蟹子酱即可。

红黑恋情军舰

人气食单
最具人气多国籍料理
推荐指数
★★★★

推荐理由:

恋情主题，适合恋人一起享用。红的三文鱼，黑的蟹子酱，白的寿司饭，做成玫瑰花的形状，宛如一张美丽的图画。

黄瓜细卷（细卷）

人气食单

最具人气多国籍料理

推荐指数
★★★★

原料 调料

寿司饭 80 克，原味海苔半张，黄瓜 1 根

芥末膏 8 克

推荐理由:

一款传统的细卷类寿司，外
形和味道都中规中矩。

制作过程

1. 黄瓜横向切成 4 份，去除瓜瓤，切成跟海苔宽边长度一样长的条，备用。
2. 寿司帘正放在案板上，取半张海苔，反面朝上放置在寿司帘上。（图 1）
3. 将寿司饭均匀地铺在海苔上。（图 2）
4. 在铺好的寿司饭中间横向方向抹一层芥末膏，再把切好的黄瓜条放在米饭中间。（图 3、图 4）
5. 用手提起寿司帘，抓住海苔，把米饭两头对接卷紧，在未放寿司饭的海苔上抹一点水，用帘子翻转将寿司卷紧即可。（图 5、图 6）
6. 撤掉寿司帘，把寿司切成 1 厘米厚的片即可。（图 7）

① ② ③ ④

⑤ ⑥ ⑦

制作要点　海苔上方横向方向要留一指宽的地方不铺米饭。

图书在版编目（ＣＩＰ）数据

爆款多国籍料理 / 美食生活工作室组织编写；臧倩嵘编著 . --青岛：青岛出版社，2016.10
（巧厨娘·人气食单系列）

ISBN 978-7-5552-4558-2

Ⅰ.①巧… Ⅱ.①美… ②臧… Ⅲ.①菜谱－世界Ⅳ.①TS972.12

中国版本图书馆CIP数据核字(2016)第208628号

书　　名	**爆款多国籍料理**
系 列 名	巧厨娘·人气食单
组织编写	美食生活工作室
编　　著	臧倩嵘
菜品制作	臧倩嵘
制作助理	刘　杰　臧倩科　马　骏　郭金宇　刘　凡　长　青
菜品摄影	刘志刚　刘　计　北京浩瀚世视摄影有限公司
撰　　文	凡　影
插　　画	宋晓岩
出版发行	青岛出版社
社　　址	青岛市海尔路182号（266061）
本社网址	http://www.qdpub.com
邮购电话	13335059110　0532-68068026
策划编辑	周鸿媛　杨子涵
责任编辑	杨子涵　肖　雷
特约编辑	周世霞
设计制作	任珊珊　宋修仪　王　芳
印　　刷	青岛海蓝印刷有限责任公司
出版日期	2017年1月第1版　2017年1月第1次印刷
开　　本	16开（710mm×1010mm）
印　　张	15
字　　数	200千
图　　数	468幅
印　　数	1-10000
书　　号	ISBN 978-7-5552-4558-2
定　　价	32.80元

编校印装质量、盗版监督服务电话：4006532017　0532-68068638

建议陈列类别：美食类 生活类